普通高等教育"十二五"规划教材

大学计算机信息技术
基础知识案例分析

主　编　周凤石

副主编　周如意　刘红梅　许晓红

参　编　董袁泉　龚花兰　施　蕙

科学出版社

北　京

内 容 简 介

本书主要面向高职院校"大学计算机信息技术"课程教学,围绕计算机信息技术基础知识应用,选取典型实用的知识作为案例进行分析,提高学生对"大学计算机信息技术"知识的掌握水平。

全书针对"大学计算机信息技术"课程教学的要求,将知识学习进行模块化,分为信息技术概述、计算机组成原理、计算机软件、计算机网络与因特网、数字媒体及应用、计算机信息系统与数据库六个知识模块,在每个模块的案例分析之后提供大量习题,以帮助学生巩固并深化所学的知识。

本书着重难点与重点知识的分析,适合作为高职高专院校大学计算机基础教学教材,也可作为江苏省计算机等级(一级)考试或全国计算机等级考试辅导用书,对企事业单位在职人员学习计算机理论知识来说也是一本很好的参考书。

图书在版编目(CIP)数据

大学计算机信息技术基础知识案例分析/周凤石主编. —北京:科学出版社,2012

(普通高等教育"十二五"规划教材)

ISBN 978-7-03-035565-2

Ⅰ. ①大… Ⅱ. ①周… Ⅲ. ①电子计算机–高等职业教育–教学参考资料

Ⅳ. ①TP3

中国版本图书馆 CIP 数据核字 (2012) 第 217041 号

责任编辑:于海云 张丽花/责任校对:张怡君
责任印制:闫 磊/封面设计:迷底书装

科 学 出 版 社 出版
北京东黄城根北街 16 号
邮政编码:100717
http://www.sciencep.com

新科印刷有限公司 印刷

科学出版社发行 各地新华书店经销

*

2012 年 8 月第 一 版 开本:787×1092 1/16
2014 年 7 月第二次印刷 印张:9
字数:213 000

定价:22.00 元
(如有印装质量问题,我社负责调换)

前　　言

在当今信息化时代，计算机基础教育和素质教育已成为高校人才培养的重要组成部分。江苏省教委组织的非计算机专业的计算机基础知识和应用能力等级考试，对改革非计算机专业的计算机教学内容、课程体系、教学手段，提高教学质量，优化学生的知识结构起到了积极作用。

江苏省计算机等级(一级)考试大纲中理论部分的特点是知识面广、内容新颖，对于高职高专学生来说存在一定的难度。基于此，我们在总结多年大学计算机信息技术教学与考试经验的基础上，组织编写了本书，旨在帮助学生加强对计算机信息技术理论知识的理解，同时也帮助教师更好地把握教学内容，提高计算机信息技术公共课的教学水平。

作为计算机等级考试的配套辅导教材，本书并不是将知识点简单罗列，而是选取有代表性且涉及较多、较难知识点的理论题，以案例分析的形式，详细讲述每道题的案例分析，在此基础上给出结论。很多案例后面还增加部分延伸内容，以开拓学生的知识面及对相关问题的分析理解能力。每个模块都附有与其内容相关的习题及参考答案，题型分为单选题、填空题、判断题，这些题目均选自近几年江苏省计算机等级(一级)考试题库，供学生练习，以进一步加深他们对理论知识的理解，做到综合应用，举一反三。

本书根据教育部非计算机专业计算机基础课程教学指导委员会发布的《进一步加强高校计算机基础教学的几点意见》及江苏省计算机等级(一级)考试大纲的理论知识内容要求编写，共分为信息技术概述、计算机组成原理、计算机软件、计算机网络与因特网、数字媒体及应用、计算机信息系统与数据库六个知识模块。附录部分收录了两套近年江苏省计算机等级(一级)考试模拟题，并给出答案。

本书在编写过程中力求以培养学生计算机应用能力为本，紧扣考试大纲所要求的知识点，并适当拓展相关的理论知识，以帮助学生加深对计算机基础理论内容的理解。所配习题可使学生进一步强化和巩固所学知识，对参加江苏省计算机等级考试也能起到较好的帮助促进作用。

本书贴近高职高专学生实际，定位准确，针对性强，循序渐进，由浅入深，案例引导，激发兴趣，通俗易懂，便于阅读。本书是高职高专学生学习"大学计算机信息技术"课程的好帮手，也可作为"大学计算机信息技术"课程任课老师的参考书，还可作为企事业在职人员学习计算机与信息技术理论知识的参考书。

本书由沙洲职业工学院周凤石副教授担任主编，周如意、许晓虹与刘红梅担任副主编，参加编写的还有董袁泉、龚花兰、施蕙等老师。具体分工为：模块一由龚花兰编写，模块二由董袁泉编写，模块三由刘红梅、许晓虹编写，模块四由周凤石编写，模块五由施蕙编写，模块六由周如意编写，全书由周凤石统稿。

由于编者水平有限，书中难免有不足之处，敬请读者批评指正，以便在重印或再版时加以修改完善。

编　者
2012 年 6 月

目　　录

目 录

知识模块一　信息技术概述

1.1　案　例　分　析

【案例 1-1】下列各数中，可能为八进制数的是_____。

A. 10BF　　　　B. 8707　　　　C. 1101　　　　D. 0910

❖　案例分析

"数"是一种信息，它有大小（数值），可以进行四则运算。"数"有不同的表示方法，日常生活中人们使用的是十进制数，在计算机中，符号、数值、程序等信息都用二进制数表示。二进制数只有"0"和"1"两个数码，它既便于硬件的物理实现，又有简单的运算规则，故可简化计算机结构，提高可靠性和运算速度。程序员还使用八进制和十六进制数。二进制与十进制、八进制、十六进制各有其特点，如表 1-1 所示。

表 1-1　四种数制特点比较

数制	表示的字符	进位关系	权数(基数)	数的书写方法
十进制	0、1、2、3、4、5、6、7、8、9	逢 10 进 1	10	$()_{10}$ 尾部加 "D" 或缺省
二进制	0、1	逢 2 进 1	2	$()_2$ 尾部加 "B" (b)
八进制	0、1、2、3、4、5、6、7	逢 8 进 1	8	$()_8$ 尾部加 "Q" (q)
十六进制	0、1、2、3、4、5、6、7、8、9、A、B、C、D、E、F	逢 16 进 1	16	$()_{16}$ 尾部加 "H" (h)

表示八进制数的字符有：0、1、2、3、4、5、6、7，不能出现大于 7 的数字字符。本案例答案 A、B、D 中均出现了大于 7 的数字字符，因而，A、B、D 不可能为八进制数，而 C 答案中"1101"没有出现大于 7 的数字字符，看似二进制数，但也有可能是八进制数。

❖　答案与结论

通过了解上述案例分析，可以得出结论，本题答案为 C。

❖　知识延伸

(1) 下列各数中，一定不是十进制数的是_____。

A. B103　　　　B. 1706　　　　C. 8101　　　　D. 4610

表示十进制数的字符有：0、1、2、3、4、5、6、7、8、9，不该出现大于 9 的数字字符。答案 B、C、D 中均没有出现大于 9 的数字字符，有可能是十进制数，也有可能是其他进制数；而答案 A 中出现了大于 9 的字符"B"，一定不是十进制数。故本题答案为 A。

(2) 采用某种进位制时，如果 $4 \times 5 = 4$，那么，$7 \times 3 =$ _____。

   A. 20　　　　　　B. 15　　　　　　C. 20　　　　　　　D. 19

  最熟悉的十进制下：$4 \times 5 = 20$(逢 10 进位)，而该进制下 $4 \times 5 = 14$，设该进制单位值为 X，得 $4 \times 5 = 1 \times X + 4$，得 $X = 16$(逢 16 进位)，即该进制为 16 进制。$7 \times 3 = 21$，按该进制逢 16 才进位，$7 \times 3 = 1 \times 16 + Y$，得 $Y = 5$，即 $7 \times 3 = 1 \times 16 + 5 = 15$。故本题答案为 B。

  (3) 二进制与十进制、八进制和十六进制书写数据时尾部常加上字母，下列各数中，_____一定是二进制数。

   A. 10101　　　　B. 011706Q　　　　C. 1001B　　　　D. 01100101H

  由表 1-1 可知，数的书写方法：二进制数尾部加 B(b)；八进制数尾部加 Q(q)；十进制数尾部加 D(d)，但通常可以省略；十六进制数尾部加 H(h)。答案 B 出现了大于 1 的数字字符且尾部有字母 Q，一定是八进制数；答案 D 尾部有字母 H，一定是十六进制数；答案 A 没出现大于 1 的数字字符，看似二进制数，但表示十进制数时，尾部字母 D 可以省略，答案 A 可能是二进制数，也可能是十进制数；答案 C 尾部有字母 B，一定是二进制数。故本题答案为 C。

【案例 1-2】　将十进制数 126.534 转换成二进制数，结果为_____。

  A. 1111001.10101　　　　　　　　　　　B. 1111011.10101

  C. 1111110.10001　　　　　　　　　　　D. 1110011.11001

 ✧　案例分析

  (1) 整数部分的转换。整数部分的转换采用的是除 2 取余法。其转换原则是：将该十进制数除以 2，得到一个商和余数 K_0，再将商除以 2，又得到一个新商和余数 K_1，如此反复，得到的商是 0 时余数为 K_{n-1}，然后将所得到的各位余数，以最后余数为最高位，最初余数为最低位依次排列，即 $K_{n-1}K_{n-2} \cdots K_1 K_0$，这就是该十进制数对应的二进制数。这种方法又称为"倒序法"。

  将整数 $(126)_{10}$ 转换成二进制数步骤如下：

```
  2 | 126  …………  余  0   (K₀)      低
  2 |  63  …………  余  1   (K₁)       ↑
  2 |  31  …………  余  1   (K₂)       |
  2 |  15  …………  余  1   (K₃)       |
  2 |   7  …………  余  1   (K₄)       |
  2 |   3  …………  余  1   (K₅)       |
  2 |   1  …………  余  1   (K₆)      高
        0
```

  结果为：$(126)_{10} = (1111110)_2$

  (2) 小数部分的转换。小数部分的转换采用乘 2 取整法。其转换原则是：将十进制数的小数乘以 2，取乘积中的整数部分作为相应二进制数小数点后最高位 K_{-1}，反复乘 2，逐次得到 K_{-2}，K_{-3}，…，K_{-m}，直到乘积的小数部分为 0 或 1 的位数达到精确度要求为止。然后把每次乘积的整数部分由上而下依次排列起来($K_{-1}K_{-2} \cdots K_{-m}$)，即是所求的二进制数。这种方法又称为"顺序法"。

  将十进制小数 $(0.534)_{10}$ 转换成相应的二进制数步骤如下：

$$\begin{array}{r} 0.534 \\ \times \quad 2 \\ \hline 1.068 \end{array}$$ .... 1 　(K_{-1})　　　高

$$\begin{array}{r} \times \quad 2 \\ \hline 0.136 \end{array}$$ .... 0 　(K_{-2})

$$\begin{array}{r} \times \quad 2 \\ \hline 0.272 \end{array}$$ .... 0 　(K_{-3})

$$\begin{array}{r} \times \quad 2 \\ \hline 0.544 \end{array}$$ .... 0 　(K_{-4})

$$\begin{array}{r} \times \quad 2 \\ \hline 1.088 \end{array}$$ .... 1 　(K_{-5})　　　低

结果为：$(0.534)_{10} = (0.10001)_2$

因此十进制数$(126.534)_{10}$转换成二进数据结果为：$(1111110.10001)_2$

✧　答案与结论

通过了解上述案例分析，可以得出结论，本题答案为 C。

✧　知识延伸

(1) 将八进制数 2467.32Q 转换成二进制数，结果为_____。

A. 011010011001.011101B 　　　　　B. 100101001011.101010B

C. 100101010110.100101B 　　　　　D. 010100110111.011010B

八进制数转换成二进制数比较简单，只要把每 1 位八进制数字改写成等值的 3 位二进制数即可。根据表 1-2 所示的八进制与二进制数之间的对应关系，把每个八进制数字改写成等值的 3 位二进制数时，应保持高低位的次序不变。

表 1-2　二进制与八进制数之间对应关系

二进制数	八进制数	二进制数	八进制数	备　注
000	0	100	4	
001	1	101	5	1 位八进制数与 3 位二进制数的对应关系
010	2	110	6	
011	3	111	7	

八进制数 2467.32Q = 010100110111.011010B，因而，正确答案为 D。

(2) 将二进制数 1101001110.11001B 转换成八进制数，结果为_____。

A. 1513.61Q 　　　　　B. 1516.62Q

C. 1513.31Q 　　　　　D. 1516.61Q

二进制数转换成八进制数时，每 3 位分一组。整数部分从低位向高位方向每 3 位用 1 位等值的八进制数来替换，最后不足 3 位时在高位补 0 凑满 3 位；小数部分从高位向低位每 3 位用 1 位等值八进制数来替换，最后不足 3 位时在低位补 0 凑满 3 位。

　　　　1101001110.11001B = 001101001110.110010B = 1516.62Q

因而，正确答案为 B。

(3) 将十六进制数 35A2.CFH 转换成二进制数，结果为_____。

    A. 10011 0101 1010 0011. 00110 1111B

    B. 0010 0101 1010 00101. 0100 0110B

    C. 0011 0101 1010 0010. 1100 1111B

    D. 1011 0101 1010 0011. 0100 1111B

十六进制数转换成二进制数也比较简单，与八进制数转换成二进制数的方法类似。

根据如表 1-3 所示十六进制数与二进制数之间对应关系。把每个十六进制数字改写成等值的 4 位二进制数，且保持高低位的次序不变。

十六进制数 35A2. CFH = 0011 0101 1010 0010. 1100 1111B，因而，正确答案为 C。

表 1-3　　二进制与八进制数之间对应关系

二进制数	十六进制数	二进制数	十六进制数	备注
0000	0	1000	8	
0001	1	1001	9	
0010	2	1010	A	
0011	3	1011	B	1 位十六进制数
0100	4	1100	C	与 4 位二进制数
0101	5	1101	D	的对应关系
0110	6	1110	E	
0111	7	1111	F	

(4) 将二进制数 110100 1110.110011B 转换成十六进制数，结果为_____。

    A. D4E. CCH　　　　　　　B. E43. 33H

    C. D4E. CCH　　　　　　　D. 34E. CCH

二进制数转换成十六进制数，每 4 位分一组。整数部分从低位向高位每 4 位用一个等值的十六进制数来替换，最后不足 4 位时在高位补 0 凑满 4 位；小数部分从高位向低位每 4 位用一个等值的十六进制数来替换，最后不足 4 位时在低位补 0 凑满 4 位。

1101001110. 110011B = 0011 0100 1110. 1100 1100B = 34E. CCH

因而，正确答案为 D。

【案例 1-3】 下列用不同数制表示的数中，数值最大的数是_____。

    A. $(101111)_2$　　B. $(052)_8$　　C. $(54)_{10}$　　D. $(3B)_{16}$

❖　案例分析

要比较不同数制的大小，将不同数制同时转换为相同的一种数制将有利于比较。在此，同时转换为最熟悉的十进制。将非十进制数转换成十进制数的方法是按权展开。

$(101111)_2 = 1 \times 2^5 + 0 \times 2^4 + 1 \times 2^3 + 1 \times 2^2 + 1 \times 2^1 + 1 \times 2^0 = 32 + 0 + 8 + 4 + 2 + 1 = 47$

$(052)_8 = 0 \times 8^2 + 5 \times 8^1 + 2 \times 8^0 = 42$

$(3B)_{16} = 3 \times 16^1 + B \times 16^0 = 48 + 11 = 59$

显然，最大的数是 59。

❖ 答案与结论

通过了解上述案例分析，可以得出结论，本题答案为 D。

❖ 知识延伸

(1) 将十进制数 937.4375D 与二进制数 1010101.11B 相加，其和数是_____。

    A. 2010.14Q   B. 412.3H

    C. 1023.1875D   D. 1022.7375D

解决此问题的办法是首先将需要相加的不同数制同时转换为相同的一种数制。在此，同时转换为最熟悉的十进制。先采用按权展开的方法，将题中 1010101.11B 转换成十进制数。

$$1010101.11B = 1 \times 2^6 + 0 \times 2^5 + 1 \times 2^4 + 0 \times 2^3 + 1 \times 2^2 + 0 \times 2^1 + 1 \times 2^0 + 1 \times 2^{-1} + 1 \times 2^{-2}$$
$$= 64 + 16 + 4 + 1 + 0.5 + 0.25 = 85.75D$$

937.4375D + 85.75D = 1023.1875D

因而，正确答案为 C。

(2) 以下选项中，其中相等的一组数是_____和_____。

    A. 十进制数 54020 与八进制数 54732

    B. 八进制数 13656 与二进制数 1011110101110

    C. 十六进制数 F429 与二进制数 1011010000101001

    D. 八进制数 5234 与十六进制数 A9C

解决此类问题的办法是先将需要比较的一组数中不同数制转换为相同的一种数制。在数制转换时，尽可能要方便快捷，比如，"A"组数据可以将八进制数 54732 转换为十进制数：

$$54732Q = 5 \times 8^4 + 4 \times 8^3 + 7 \times 8^2 + 3 \times 8^1 + 2 \times 8^0 = 20480 + 2048 + 448 + 24 + 2 = 23002D$$

"B"组数据可以将二进制数 1011110101110 转换为八进制数：

$$1011110101110B = 1\ 011\ 110\ 101\ 110 = 1\ 3\ 6\ 5\ 6$$

同样，"C"组数据可以将二进制数 1011010000101001 转换为十六进制数：

$$1011010000101001B = 1011\ 0100\ 0010\ 1001 = B\ 4\ 2\ 9$$

"D"组数据都转换为相同的二进制数：

$$5234Q = 101\ 010\ 011\ 100 = 101010011100$$
$$A9CH = 1010\ 1001\ 1100 = 101010011100$$

因而，正确答案为 B 和 D。

【案例 1-4】最大的 10 位无符号二进制整数转换成八进制数是_____。

A. 1023   B. 1777   C. 1000   D. 1024

❖ 案例分析

无符号整数是计算机中最常使用的一种数据类型，其长度(位数)决定了可以表示的正整数的范围。10 位无符号二进制数的取值范围是 $0\sim1023(2^{10}-1)$，最大值为 $2^{10}-1 = 1023D$。先将最大值整数 1023D 转换成二进制数，然后将此二进制数转换为八进制数：

$$1023D = 1111111111B = 001\ 111\ 111\ 111 = 1777Q$$

❖ 答案与结论

通过了解上述案例分析，可以得出结论，本题答案为 B。

✧　知识延伸

(1) 十进制数 54 转换成 8 位二进制数是_____。

8 位无符号二进制数的取值范围是 $0 \sim 127(2^8 - 1)$，十进制数 54 在取值范围内，54D = 110110B，只有 6 位，转换为 8 位二进制数前面两位添加 0。

因而，本题答案是：00110110。

(2) 假设无符号整数的长度是 12 位，那么它可以表示正整数的最大值(十进制)是_____。

　　A. 2048　　　　B. 4095　　　　C. 2047　　　　D. 4096

12 位无符号二进制数的取值范围是 $0 \sim 1023(2^{12} - 1)$，最大值为 $2^{12} - 1 = 4095D$。

因而，本题答案是 B。

【案例 1-5】把十进制数 –617 转换成八进制数等于_____。

✧　案例分析

带符号的整数必需使用一个二进制位作为其符号位，一般总是在最高位(最左边的一位)，用"0"表示"+"(正数)，用"1"表示"–"(负数)，其余各位则用来表示数值的大小。先将十进制数 –617 转换成二进制数：

$$-617D = 1\ 1001101001B$$

其中最前一位"1"表示负数。

再将二进制数 1 1001101001B 转换成八进制数：

$$1\ 1001101001B = 1\ 1\ 001\ 101\ 001 = 1\ 001\ 001\ 101\ 001 = -1151Q$$

✧　答案与结论

通过了解上述案例分析，可以得出结论，本题答案是：–1151Q。

✧　知识延伸

(1) 已知 X 的补码为 10011000，若它采用原码表示，则为_____。

　　A. 01101000　　　　　　　　B. 01100111
　　C. 10011000　　　　　　　　D. 11101000

数值为负数的整数在计算机内不采用"原码"而采用"补码"的方法进行表示。负数使用"补码"的表示时，符号位也是"1"，但绝对值部分的表示却是对原码的每一位取反后再在末位加"1"所得的结果。

如果补码的符号位为"0"，表示是一个正数，原码就是补码。

如果补码的符号位为"1"，表示是一个负数。而二进制数是"逢二进一"，那么求给定的这个补码的补码就是要求的原码。

$(X)_补 = 10011000$，最左边的"1"表示符号，针对绝对值部分"0011000"取反后为"1100111"，再在末位加"1"所得的结果为"1101000"，最后添上最左边符号位"1"得：

$$(X)_原 = 11101000$$

因而，本题答案是 D。

(2) 求+355 和 –1 带符号十进制数的 16 位补码。

正数的原码和补码相同，得：

$$(+ 355)_原 = 00\ 0000\ 0001\ 0110\ 0011 = (+ 355)_补$$

负数使用 "补码"的表示时，符号位也是"1"，但绝对值部分的表示却是对原码的每一位取反后再在末位加"1"所得的结果。

$(- 1)_原 = 1000\ 0000\ 0000\ 0001$，取反后为 1111 1111 1111 1110，末位加"1"得：

$$(- 1)_补 = 1111\ 1111\ 1111\ 1111。$$

【案例1-6】两个 5 位二进制信息 10101 和 10100 进行逻辑加，结果为_____。

　　A. 101001　　　　B. 110101　　　　C. 10010　　　　D. 10101

　　◇　案例分析

比特的取值只有"0"和"1"两种，这两个值不是数量上的概念，而是表示两种不同的状态。对二进制信息进行处理，不仅包括加、减、乘、除四则运算，也需要使用逻辑运算(布尔运算)。最基本的逻辑运算有三种：逻辑加、逻辑乘、取反运算。

逻辑加也称"或"运算，用符号"OR"、"∨"或"＋"表示，它的运算规则为

```
        0               0               1               1
  ∨     0         ∨     1         ∨     0         ∨     1
  ───────         ───────         ───────         ───────
        0               1               1               1
```

那么：

```
              1   0   1   0   1
       D∨     1   0   1   0   0
       ──────────────────────────
              1   0   1   0   1
```

结果为：10101。

　　◇　答案与结论

通过了解上述案例分析，可以得出结论，本题答案为 D。

　　◇　知识延伸

(1) 两个 5 位二进制信息 10101 和 10100 进行逻辑乘，结果为_____。

逻辑乘也称"与"运算，用符号"AND"、"∧"或"·"表示，它的运算规则是：

```
        0               0               1               1
  ∧     0         ∧     1         ∧     0         ∧     1
  ───────         ───────         ───────         ───────
        0               0               0               1
```

那么：

```
              1   0   1   0   1
       D∧     1   0   1   0   0
       ──────────────────────────
              1   0   1   0   0
```

结果为：10100。

(2) 两个 5 位二进制信息 10101 和 10100 进行取反运算，结果为_____。

逻辑运算中取反运算也称"非"运算，用符号"NOT"或"－"表示，它的运算规则最简单，"0"取反是"1"，"1"取反是"0"。

那么，对 10101 和 10100 进行取反运算，结果为：01010 和 01011。

1.2 习　　题

一、单选题

1. 下列说法中，比较合适的是："信息是一种_____"。
   A. 物质　　　　B. 能量　　　　C. 资源　　　　D. 知识
2. 下列关于信息的叙述错误的是_____。
   A. 信息是指事物运动的状态及状态变化的方式
   B. 信息是指认识主体所感知或所表述的事物运动及其变化方式的形式、内容和效用
   C. 信息与物质和能源同样重要
   D. 在计算机信息系统中，信息是数据的符号化表示
3. 现代信息技术的核心技术主要是_____。①微电子技术　②机械技术　③通信技术　④计算机技术。
   A. ①②③　　　B. ①③④　　　C. ②③④　　　D. ①②④
4. 下列说法中，错误的是_____。
   A. 集成电路是微电子技术的核心
   B. 硅是制造集成电路常用的半导体材料
   C. 现代集成电路的半导体材料已经用砷化镓取代了硅
   D. 微处理器芯片属于超大规模和极大规模集成电路
5. 下列关于集成电路的叙述中，错误的是_____。
   A. 将大量晶体管、电阻及互连线等制作在尺寸很小的半导体单晶片上就构成集成电路
   B. 现代集成电路使用的半导体材料通常是硅或砷化镓
   C. 集成电路根据它所包含的晶体管数目可分为小规模、中规模、大规模、超大规模和极大规模集成电路
   D. 集成电路按用途可分为通用和专用两大类。微处理器和存储器芯片都属于专用集成电路
6. 第四代计算机的 CPU 采用的超大规模集成电路，其英文缩写名是_____。
   A. SSI　　　　B. VLSI　　　　C. LSI　　　　D. MSI
7. 下列关于计算机中所有信息以二进制数表示的主要理由叙述错误的是_____。
   A. 可靠性强　　　　　　　B. 物理上最容易实现
   C. 运算规则简单　　　　　D. 节约元件
8. 从计算机采用的主要元器件看，目前使用的个人计算机是_____计算机。
   A. 第五代　　　B. 智能　　　C. 巨型　　　D. 第四代
9. 当前使用的个人计算机，其主要元器件是_____。
   A. 小规模集成电路　　　　B. 电子管
   C. 晶体管　　　　　　　　D. 大规模和超大规模集成电路
10. 将十进制数 89.625 转换成二进制数后是_____。
    A. 1011001.101　　　　　B. 1011011.101

    C. 1011001.011   D. 1010011.100

11. 下列不同进位制的 4 个数中，最小的数是_____。

    A. 二进制数 1100010   B. 十进制数 65

    C. 八进制数 77   D. 十六进制数 45

12. 以下选项中，其中相等的一组数是_____。

    A. 十进制数 54020 与八进制数 54732

    B. 八进制数 13657 与二进制数 1011110101111

    C. 十六进制数 F429 与二进制数 1011010000101001

    D. 八进制数 7324 与十六进制数 B93

13. 将十进制数 837.025 与二进制数 101010. 01 相加，其和数是_____。

    A. 八进制数 982.14   B. 十六进制数 412.3

    C. 十进制数 879.275   D. 十进制数 1201.125

14. 采用某种进制计算，如果 $4 \times 5 = 17$，那么 3×6 是_____。

    A. 15   B. 18   C. 20   D. 19

15. 对两个 1 位的二进制数 1 与 1 分别进行算术加、逻辑加运算，其结果用二进制形式分别表示为_____。

    A. 1 和 10   B. 1 和 1   C. 10 和 1   D. 10 和 10

16. 下列十进制整数中，能用二进制 8 位无符号整数正确表示的是_____。

    A. 257   B. 201   C. 312   D. 296

17. 小规模集成电路(SSI)的集成对象一般是_____。

    A. 功能部件   B. 芯片组   C. 门电路   D. CPU 芯片

18. 下列逻辑运算规则的描述中，_____是错误的。

    A. 0. OR. 0 = 0   B. 0. OR. 1 = 1

    C. 1. OR. 0 = 1   D. 1. OR. 1 = 2

19. 逻辑运算中的逻辑加常用符号表示_____。

    A. ∨   B. ∧   C. −   D. ·

20. 若 A = 1100，B = 1010，A 与 B 运算的结果是 1000，则其运算一定是_____。

    A. 算术加   B. 算术减   C. 逻辑加   D. 逻辑乘

21. 在书写逻辑运算式时，一般不用_____作为逻辑运算符。

    A. OR   B. AND   C. NO   D. NOT

22. 若十进制数 "−57" 在计算机内表示为 11000111，则其表示方式为_____。

    A. ASCII 码   B. 反码   C. 原码   D. 补码

23. 一个字符的标准 ASCII 码由_____位二进制数组成。

    A. 7   B. 1   C. 8   D. 16

24. 数据通信系统的数据传输速率指单位时间内传输的二进位数据的数目，下面_____一般不用作它的计量单位。

    A. Kbps   B. kbps   C. Mbps   D. Gbps

25. 中文标点符号"。"在计算机中存储时占用_____个字节。

    A. 1   B. 2   C. 3   D. 4

26. 下列有关我国汉字编码标准的叙述中，错误的是_____。

    A. GB18030 汉字编码标准与 GBK、GB2312 标准兼容

    B. GBK 汉字编码标准不仅与 GB2312 标准兼容，还收录了包括繁体字在内的大量汉字

    C. GB18030 汉字编码标准中收录的汉字在 GB2312 标准中一定能找到

    D. GB2312 所有汉字的机内码都用两个字节来表示

27. 下列字符中，其 ASCII 编码值最大的是_____。

    A. 9　　　　　　　B. D　　　　　　　C. A　　　　　　　D. 空格

28. 采用补码表示法，整数 "0" 只有一种表示形式，该表示形式为_____。

    A. 1000…00　　　B. 0000…00　　　C. 1111…11　　　D. 0111…11

29. 在计算机中，西文字符最常用的编码是_____。

    A. 原码　　　　　B. 反码　　　　　C. ASCII 码　　　D. 补码

30. 已知 X 的补码为 10011000，若它采用原码表示，则为_____。

    A. 01101000　　　B. 01100111　　　C. 10011000　　　D. 11101000

二、填空题

1. 对两个逻辑值进行逻辑加操作的结果是_____。

2. 第四代计算机使用的主要元器件是_____。

3. 二进制信息最基本的逻辑运算有三种，即逻辑加、取反以及_____。

4. 在计算机系统中，处理、存储和传输信息的最小单位是_____，用小写字母 b 表示。

5. 在描述数据传输速率时常用的度量单位 kbps 是 bps 的_____倍。

6. 在存储容量表示中，1GB 等于_____KB。

7. 与十六进制 $(AE)_{16}$ 等值的八进制数是_____。

8. 1KB 的存储容量最多可以存储_____个汉字。

9. 十进制数 $(205.5)_{10}$ 的八进制数表示是_____。

10. 大写字母 "A" 的 ASCII 码为十进制数 65，ASCII 码为十进制数 68 的字母是_____。

11. 十进制数 −31 使用 8 位(包括符号位)补码表示时，其二进制编码形式为_____。

12. 有一个二进制编码为 11111111，如将其作为带符号整数的补码，它所表示的整数值为_____。

13. 美国标准信息交换码(ASCII 码)中，共有 128 个字符，包括_____个可打印字符和 32 个控制字符。

14. 11 位补码可表示的整数的数值范围是 −1024~_____。

三、判断题

1. 计算机中二进位信息的最小计量单位是 "比特"，用字母 "B" 表示。

2. 当前计算机中使用的集成电路绝大部分是模拟电路。

3. 集成电路的集成度与组成逻辑门电路的晶体管尺寸有关，尺寸越小，集成度越高。

4. 早期的电子技术以真空电子管作为其基础元件。

5. 正整数的原码与补码表示形式相同。

6. 集成电路是计算机的核心。它的特点是体积小，重量轻，可靠性高，但功耗很大。

7. 计算机应用最多的是数值计算。
8. 在计算机网络中传输二进制信息时，经常使用的速率单位有 kbps、Mbps 等。其中，1Mbps = 1000kbps。

1.3　习题参考答案

一、单选题

1. C	2. D	3. B	4. C	5. D	6. B	7. C	8. D	9. D
10. A	11. C	12. B	13. C	14. A	15. C	16. B	17. C	18. D
19. A	20. D	21. C	22. D	23. C	24. A	25. B	26. C	27. C
28. B	29. C	30. D						

二、填空题

1. 1	2. 超大规模集成电路	3. 逻辑乘	4. 比特	5. 1000
6. 1024^2	7. 256	8. 512	9. $(315.4)_8$	10. D
11. 11100001	12. -1	13. 96	14. 1023	

三、判断题

1. Y	2. N	3. Y	4. Y	5. Y	6. N	7. N	8. Y

知识模块二　计算机组成原理

2.1　案例分析

【案例 2-1】计算机按照主机所使用的_____划代，主要分为四代。

✧　案例分析

从 20 世纪 40 年代数字电子计算机诞生以来，计算机已经经过了半个多世纪的发展，在微电子技术的发展和计算机应用需求的强力推动下，计算机得到了飞快的发展。计算机的硬件的发展受到所使用的电子元器件的极大影响，因此过去很长时间，人们都是按照计算机主机所使用的元器件将计算机划代，主要分为四代。

第一代(1946 ~ 1957 年)：电子管计算机。

(1) 速度：几十次至几万次/秒。

(2) 内存：磁鼓，千字。

(3) 外设：磁带。

(4) 机器语言或汇编语言编程。

第二代(1957 ~ 1964 年)：晶体管计算机。

(1) 速度：几十万次/秒。

(2) 内存：磁芯，十万字。

(3) 外设：磁盘。

(4) 高级语言编程。

第三代(1965 ~ 1973 年)：中小规模集成电路(SSI，MSI)计算机。

(1) 速度：几十万次至几百万次/秒。

(2) 内存：半导体存储器。

(3) 高级语言，OS，DBMS。

第四代(1974 年起)：大规模(LSI)和超大规模(VLSI)计算机。

(1) 速度：几百万次至亿次/秒。

(2) 内存：半导体存储器。

(3) 软件工程，分布式处理等。

✧　答案与结论

通过了解上述案例分析，可以得出结论，本题答案为：元器件。

【案例 2-2】计算机的分类方法有多种，按照计算机的性能、用途和价格分，台式机和便携机属于_____。

✧　案例分析

计算机的分类方法有多种，按照计算机的性能、用途和价格来分，通常把计算机分成以下四类。

(1) 巨型计算机：它采用大规模并行处理的体系结构，由数以百计、千计甚至万计的 CPU 组成。它有极强的运算处理能力，速度达到每秒数万亿次以上，大多被用在军事、科研、气象预报、石油勘探、飞机设计模拟、生物信息处理等领域。

(2) 大型计算机：运算速度快、存储容量大、通信联网功能完善、可靠性高、安全性好、有丰富的系统软件和应用软件的计算机。通常含有几十个甚至更多个 CPU。一般承担主服务器的功能，在信息系统中起着核心作用。

(3) 小型计算机：是一种供部门使用的计算机，它一般帮助中小企业完成信息处理任务，如库存管理、销售管理、文档管理等。

(4) 个人计算机：也称个人计算机、PC 机或微型计算机，个人计算机的特点是性能/价格比高、多媒体性能好、有通用性和可扩展性。个人计算机主要分为台式机和便携机(笔记本计算机)。

另外，还有目前发展应用比较快的嵌入式计算机，它的出现促进了各种各样消费电子产品的发展和更新换代，如数码相机、智能手机、机顶盒等产品的出现。

◇　答案与结论

通过了解上述案例分析，可以得出结论，本题答案为：个人计算机。

【案例 2-3】计算机硬件从逻辑上讲包括_____、_____、_____、_____、_____等，它们通过系统_____互相连接。

◇　案例分析

无论计算机系统如何发展，它们的基本组成和工作原理大体相同，都是基于冯·诺依曼的结构(图 2-1)，冯·诺依曼计算机的主要特点是：

① 由五大逻辑部件组成(运算器、控制器、存储器、输入设备和输出设备)。
② 存储程序控制——计算机的所有操作均由存储在存储器中的程序进行控制。
③ 程序和数据都使用二进制表示。

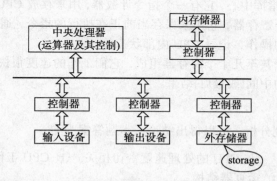

图 2-1　计算机五大逻辑部件及其相互之间的联系

从逻辑上讲，计算机的硬件主要包括中央处理器(CPU)、内存储器、外存储器、输入设备和输出设备，它们通过总线互相连接。

◇　答案与结论

通过了解上述案例分析，可以得出结论，本题答案为：中央处理器(CPU)、内存储器、外存储器、输入设备、输出设备、总线。

【案例 2-4】 下列关于 CPU 结构的说法错误的是_____。

    A. 控制器是用来解释指令含义、控制运算器操作、记录内部状态的部件

    B. 运算器用来对数据进行各种算术运算和逻辑运算

    C. CPU 中仅仅包含运算器和控制器两部分

    D. 运算器由多个部件构成，如整数 ALU 和浮点运算器等

   ✧ 案例分析

CPU 主要由运算器、控制器和寄存器组三个部分组成(图 2-2)。CPU 的任务是取指令并完成指令所规定的操作。

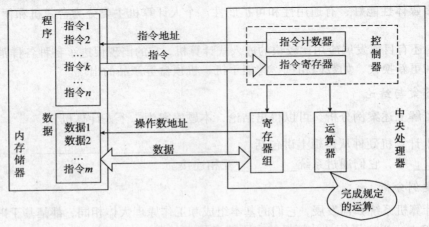

图 2-2　计算机指令的执行过程

运算器用来对数据进行各种算术或逻辑运算，所以称为算术逻辑部件(ALU)，参加 ALU 运算的操作数通常来自通用寄存器 GPR，运算结果也送回 GPR。

控制器是 CPU 的指挥中心，它有一个指令计数器，用来存放 CPU 正在执行的指令地址；控制器中还有一个指令寄存器，它用来保存当前正在执行的指令，通过对译码器解释该指令的含义，控制运算器的操作，记录 CPU 内部状态等。

寄存器组有十几个甚至几十个寄存器组成，它们工作的速度很快，用来临时存放参加运算的数据和运算得到的中间(或最后)结果。

   ✧ 答案与结论

通过了解上述案例分析，可以得出结论，本题答案为 C。

【案例 2-5】 以下_____与 CPU 的处理速度密切相关。① CPU 工作频率，② 指令系统，③ Cache 容量，④ 运算器结构

    A. ①和②　　　　　　　　　　　　　B. 仅①

    C. ②、③和④　　　　　　　　　　　D. ①、②、③和④

   ✧ 案例分析

CPU 的性能指标主要由以下几个方面决定：

(1) 字长(位数)：指的是 CPU 中定点运算器的宽度(即一次能同时进行二进制整数运算的

位数)。由于存储器地址是整数，整数运算是由定点运算器完成的，因而定点运算器的宽度也就大体决定了地址码位数的多少。地址码的长度决定了 CPU 可访问的存储器最大空间，这是影响 CPU 性能的一个重要因素，目前 PC 机使用的 CPU 大多是 32 位处理器，新一代的 PC 机 Core i5/i7 将使用 64 位处理器。

(2) 主频(CPU 时钟频率)：指 CPU 电子线路的工作频率，它决定着 CPU 芯片内部数据传输与操作速度的快慢。

(3) CPU 总线(前端总线)的速度：CPU 总线的速度决定了 CPU 与内存间数据传输速度的快慢。

(4) 高速缓存(Cache)的容量与结构：Cache 容量越大、级数越多，有利于减少 CPU 访问内存的次数，其效用就越显著。

(5) CPU 的指令系统：指令的格式和功能会影响程序的执行速度。

(6) CPU 的逻辑结构：CPU 包含的定点运算器和浮点运算器数目、是否流水线结构，流水线的条数和级数、有无指令预测和数据预测功能、是否具有数字信号处理功能、是否多核，有几个内核。

◇　答案与结论

通过了解上述案例分析，可以得出结论，本题答案为 D。

【案例 2-6】每一种不同类型的 CPU 都有自己独特的一组指令，一个 CPU 所能执行的全部指令称为_____系统。

◇　案例分析

指令是构成程序的基本单位。指令采用二进位表示，大多数情况下由操作码和操作数地址两个部分组成，如图 2-3 所示。

操作码	操作数

图 2-3　计算机指令的构成

任何复杂程序的运行总是由 CPU 一条一条地执行指令来完成的。CPU 可执行的全部指令称为该 CPU 的指令系统，即它的机器语言。不同公司生产的 CPU 各有自己的指令系统，它们未必互相兼容。但是同一公司的产品，保持向下兼容方式。

◇　答案与结论

通过了解上述案例分析，可以得出结论，本题答案为：指令。

【案例 2-7】下面是关于 BIOS 的一些叙述，正确的是_____。

A. BIOS 是存放于 ROM 中的一组高级语言程序
B. BIOS 中含有系统工作时所需的全部驱动程序
C. BIOS 系统由加电自检程序，自举装入程序，CMOS 设置程序，基本外围设备的驱动程序组成
D. 没有 BIOS 的 PC 机也可以正常启动工作

◇　案例分析

BIOS 中文名为"基本输入/输出系统"，它是存放在主板上只读存储器(ROM)芯片中的一组机器语言程序；它的主要功能是诊断计算机故障、启动计算机工作、控制基本的输入输出操作(键盘、鼠标、磁盘读写、屏幕显示等)。

BIOS 里面主要包含加电自检程序程序(Power On Self Test，POST)用于检测计算机硬件故障；系统自举程序(Boot)启动计算机工作，加载并进入操作系统运行状态；CMOS 设置程序；设置系统参数：日期、时间、口令、配置参数等；常用外部设备的驱动程序(Driver)实现对键盘、显示器、软驱和硬盘等常用外部设备输入输出操作的控制。当 BIOS 遭到破坏时，计算机将不能启动。

✧　答案与结论

通过了解上述案例分析，可以得出结论，本题答案为 C。

【案例 2-8】内存与外存相比，内存具有_____的特点。

A. 容量大，存取速度慢　　　　　B. 容量小，存取速度快
C. 容量大，存取速度快　　　　　D. 容量小，存取速度慢

✧　案例分析

内存储器(简称内存或主存)的特点是存取速度快、成本高、容量相对较小、直接与 CPU 连接，CPU(指令)可以对内存中的指令及数据进行读、写操作，属于挥发性存储器(Volatile Memory)，用于临时存放正在运行的程序和数据。

外存储器(简称外存或辅存)的特点是存取速度慢、成本低、容量很大、不与 CPU 直接连接，计算机运行程序时，外存中的程序及相关数据必须先传送到内存，然后才能被 CPU 使用、属于不挥发性存储器(Non-volatile Memory)，用于长久存放系统中几乎所有的信息。

内存储器主要分为随机存取存储器(RAM)和只读存储器(ROM)两大类。RAM 中的数据断电后会丢失。

主存是 CPU 可直接访问的存储器，用于存放供 CPU 处理的指令和数据。特点：以字节为单位进行连续编址，每个存储单元为 1 个字节(8 个二进位)；存储容量：主存储器中所包含的存储单元的总数(单位：MB 或 GB)；存取时间：从 CPU 送出内存单元的地址码开始，到主存读出数据并送到 CPU(或者是把 CPU 数据写入主存)所需要的时间(单位：ns，1 ns = 10^{-9} s)。

✧　答案与结论

通过了解上述案例分析，可以得出结论，本题答案为 B。

【案例 2-9】下面有关 PC 机 I/O 总线的叙述中，错误的是_____。

A. 总线上有三类信号：数据信号、地址信号和控制信号
B. I/O 总线的数据传输速率较高，可以由多个设备共享
C. I/O 总线用于连接 PC 机中的主存储器和 Cache 存储器
D. 目前在 PC 机中广泛采用的 I/O 总线是 PCI 总线

✧　案例分析

总线的定义：用于在 CPU、内存、外存和各种输入输出设备之间传输信息的一个共享的信息传输通路及其控制部件。总线上传递的有三类信号：数据信号、地址信号和控制信号。

总线的特点：共享，高速。

总线的性能：数据通路宽度，总线工作频率，传输次数。

总线带宽 = (数据通路宽度/8) × 总线工作频率 × 传输次数。

总线的类型：CPU 总线、存储器总线、I/O 总线。

　　I/O 总线是各类 I/O 控制器与 CPU、内存之间传输数据的一组公用信号线，这些信号线在物理上与主板扩展槽中插入的扩展卡(I/O 控制器)直接连接。目前 PC 机使用的 I/O 总线主要有 PCI 总线、PCI-Express(高速 PCI 总线)。

　　◇　答案与结论

　　通过了解上述案例分析，可以得出结论，本题答案为 C。

【案例 2-10】数码相机的 CCD 像素越多，所得到的数字图像的清晰度就越高，如果想拍摄 1600×1200 的相片，那么数码相机的像素数目至少应该有_____。

A. 400 万　　　　B. 300 万　　　　C. 200 万　　　　D. 100 万

　　◇　案例分析

　　数码相机是扫描仪之外的另一种重要的图像输入设备，它是将影像聚焦在成像芯片(CCD 或 CMOS)上，并由成像芯片转换成电信号，再经模数转换(A/D)变成数字图像，经过必要的图像处理和数据压缩，生成 JPEG 图像。经过 CCD 芯片成像转换得到的数字图像，存储在数码相机的存储器中。现代的存储器大多采用闪烁存储器组成的存储卡，如 SM 卡(Smart Media 卡)、CF 卡(Compact Flash 卡)、Memory Stick(记忆棒)和 SD(mini SD)卡。

　　CCD 芯片中有大量的 CCD 像素，每一个像素可以记录图像中的一个点，CCD 像素数目决定数字图像能够达到的最高分辨率。选用多少像素的数码相机合适，完全取决于是用要求。例如，分辨率最高达 1600×1200 时，共有 192000 个像素 (最接近于 200 万像素)。

　　◇　答案与结论

　　通过了解上述案例分析，可以得出结论，本题答案为 C。

【案例 2-11】下面关于鼠标器的叙述中，错误的是_____。

A. 鼠标器输入计算机的是其移动时的位移量

B. 不同鼠标器的工作原理基本相同，区别在于感知位移量的方法不同

C. 鼠标器只能使用 PS/2 接口与主机连接

D. 触摸屏具有与鼠标类似的功能

　　◇　案例分析

　　鼠标通过控制屏幕上的鼠标箭头准确地定位在指定的位置处，然后通过按键(左键或右键)发出命令，完成各种操作。

　　鼠标的工作过程：用户移动鼠标器时，借助于机械或光学原理，将鼠标在 X 方向和 Y 方向移动的距离变换成脉冲信号输入计算机。计算机中的鼠标驱动程序把接收到的脉冲信号转换成水平和垂直方向的位移量，继而控制屏幕上鼠标箭头的移动。

　　鼠标常见的接口类型：RS-232 串行口(D 形 9 针)、PS/2(圆形 6 针)、USB 和无线鼠标。

　　触摸屏兼有键盘、鼠标和写字笔的功能，可以替代键盘和鼠标输入文字。它的原理是在液晶面板上覆盖一层触摸面板，当有压力时会有电流产生确定位置并进行跟踪。主要优点无损耗、无噪声；现在有多点触摸屏，可以感受多个触点，可以进行缩放、旋转和滚动控制等操作。

◇   答案与结论

通过了解上述案例分析，可以得出结论，本题答案为 C。

【案例 2-12】计算机存储器采用多层次结构的目的是＿＿＿＿＿。

   A. 方便保存大量数据
   B. 减少主机箱的体积
   C. 解决存储器在容量、价格和速度三者之间的矛盾
   D. 操作方便

◇   案例分析

计算机的存储器主要分为内存和外存两部分，如图 2-4 所示。在图中，以处理器为中心，计算机系统的存储依次为寄存器、高速缓存、主存储器、磁盘缓存、磁盘和可移动存储介质等 7 个层次。距离处理器越近的存储工作速度越高，容量越小，制作成本也相对较高。其中，寄存器、高速缓存、主存储器为操作系统存储管理的管辖范围，习惯上把它们称为主存；磁盘和可移动存储介质属于操作系统设备管理的管辖范围，习惯上把它们称为外存。

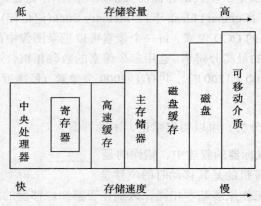

图 2-4   存储器体系结构

凡是属于操作系统存储管理范围的存储装置的共同特点是，在系统掉电之后，它们所存储的信息会丢失殆尽，属于易失性存储装置。而属于操作系统设备管理范围的存储装置，则可永久保存存储的信息，属于非易失性存储装置。

主存储器用来存放程序和程序运行所需的数据。由于主存储器的访问速度远低于寄存器，所以为了加快访问速度，计算机系统常常在主存储器和寄存器之间配置高速缓存，以预存处理器将要执行的程序和所需的数据。

寄存器在物理上与处理器的运算控制部分同在一个芯片上，它们与运算部分的距离最近，访问速度也最高，但其容量不会太大。所以，它们主要被用来暂存一些中间数据或控制用的特殊数据，而不能存放像程序之类的大批数据。

外存储器包括磁性介质或光盘，像硬盘、软盘、磁带、CD 等，能长期保存信息，并且不依赖于电来保存信息，但是因为由机械部件带动，速度与 CPU 相比就显得慢得多。由于它的单位制作成本相对比较低，因此容量可以制作的比较大，用来存放大容量的信息。

因此计算机存储器采用多层次结构的目的是解决存储器在容量、价格和速度三者之间的矛盾。

◇　答案与结论

通过了解上述案例分析，可以得出结论，本题答案为 C。

【案例 2-13】显示器是 PC 机不可缺少的一种输出设备，它通过显示控制卡(显卡)与 PC 机相连。在下面有关 PC 机显卡的叙述中，正确的是_____。

A. 显卡中的显示存储器完全独立于系统内存

B. 目前 PC 机使用的显卡其分辨率大多达到 1024 × 768，但可显示的颜色数目还不超过 65536 种

C. 显示屏上显示的信息预先都被保存到显示存储器中，在显示控制器的控制下送到屏幕上进行显示

D. 目前显卡用于显示存储器与系统内存之间的传送数据的接口都是 AGP 接口

◇　案例分析

计算机显示器通常分为两部分组成：显示器和显示控制器。显示器是一个独立的设备，显示控制器多半做成扩充卡的形式，所以也叫做显示卡(显卡)，有些 PC 机的主板芯片组已经包含有显卡功能(集成显卡)，这样成本较低，同时也可以节省一个插槽。显卡与显示器、CPU 和 RAM 的关系如图 2-5 所示。

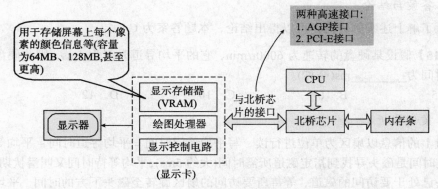

图 2-5　显卡结构及接口

显示卡主要由显示控制电路、绘图处理器、显示存储器和接口电路四个部分组成。显示控制电路负责对显示卡的操作进行控制；主机接口电路负责显示卡与 CPU 和内存的数据传输，虽然目前许多显卡还使用 AGP 接口，但越来越多的显卡采用性能更好的 PCI-E 接口来传送数据。

显卡最主要的性能指标之一就是分辨率，显卡的分辨率表示显卡在显示器上所能描绘的像素的最大数量，一般以横向点数 × 纵向点数来表示。例如：分辨率为 1024 × 768 是指该显卡在显示器屏幕上横向显示 1024 个像素，纵向显示 768 个像素。分辨率越高，在显示器上显示的图像越清晰，图像和文字可以更小，在显示器上可以显示出更多的东西。

色深是指在某一分辨率下，每一个像素点可以显示的颜色的数量，单位为 Bit(位)。8 位的色深就是说每个像素点可以显示 $256(2^8)$ 种颜色；如果是 16 位色深，每个像素点就可以显示 $65536(2^{16})$ 种颜色了。而目前的显卡一般都支持 32 位(真彩色)色深，也就每个像素点就可以显示 $65536(2^{32})$ 种颜色。

❖　答案与结论

通过了解上述案例分析，可以得出结论，本题答案为 B。

【案例 2-14】打印机的性能指标主要包括打印精度、色彩数目、打印成本和_____。

A. 打印数量　　　　B. 打印方式　　　　C. 打印速度　　　　D. 打印机接口

❖　案例分析

打印机的性能指标主要是打印精度(分辨率)、打印速度、色彩数目和打印成本等。

打印精度：也就是打印机的分辨率，它用每英寸多少点(像素)表示，单位：dpi，是衡量图像清晰程度最重要的指标。一般产品为 400dpi、600dpi、800dpi，高的甚至达到 1000dpi 以上。

打印速度：激光打印机和喷墨打印机是一种页式打印机，它们的速度单位是每分钟打印多少页纸，通常每分钟 3 ~ 10 页。

色彩表现能力：这是指打印机可打印的不同颜色的总数(彩色数目)。

幅面大小：A3，A4 等。

与主机的接口：并行口、SCSI 口、USB 接口。

其他：如打印成本、噪声、功耗等。

❖　答案与结论

通过了解上述案例分析，可以得出结论，本题答案为 C。

【案例 2-15】假设某硬盘的转速为 6000r/min，它的平均寻道时间为 5ms，则此硬盘的平均访问时间为_____ms(毫秒)。

A. 5　　　　　　B. 6　　　　　　C. 10　　　　　　D. 12

❖　案例分析

磁盘上的信息以扇区为单位进行读、写平均访问时间 = 平均寻道时间 + 平均等待时间。平均寻道时间是磁头寻找到指定磁道所需时间(大约 5ms)；平均等待时间又叫潜伏期(Latency)，是指磁头已处于要访问的磁道，等待所要访问的扇区旋转至磁头下方的时间。平均等待时间为盘片旋转一周所需的时间的一半。

由题目可知，硬盘转速为 6000r/min，所以得出盘面转一圈的时间为 60s × 1000/6000 = 10ms，所以平均等待时间为：10ms/2 = 5ms。

所以，平均访问时间 = 5ms + 5ms = 10ms。

❖　答案与结论

通过了解上述案例分析，可以得出结论，本题答案为 C。

【案例 2-16】目前使用的光盘存储器中，可对写入信息进行改写的是_____。

A. CD-RW　　　B. CD-R　　　C. CD-ROM　　　D. DVD-ROM

❖　案例分析

光盘存储器由光盘片和光盘驱动器两个部分组成。光盘片用于存储数据，其基片是一种耐热的有机玻璃，直径大多为 120mm，用于记录数据的是一条由里向外的连续的螺旋状光道。它通过在盘面上压制凹坑的方法来记录信息，凹坑的边缘用来表示"1"，而凹坑和非凹坑的平坦部分表示"0"。

光盘按存储容量分：CD 光盘(大约 650MB)、DVD 光盘(单面单层，大约 4.7GB)；按存储特性分：CD-ROM/DVD-ROM(可读，不可写)、CD-R/DVD-R(可读、可写，但不能改写)、CD-RW/DVD-RW(可读、可写，且可以改写)；按应用分：CD 唱片、VCD 影碟、CD-ROM 和 CD-RW(计算机用)、DVD 影碟、DVD-ROM 和 DVD-RW(计算机用)。

◇　答案与结论

通过了解上述案例分析，可以得出结论，本题答案为 A。

【案例 2-17】移动存储器(优盘)所采用的存储器件是_____。
　　A．Mask ROM　　　B．PROM　　　C．EPROM　　　D．Flash ROM

◇　案例分析

优盘，全称"USB 闪存盘"，英文名"USB Flash Disk"。它是一个 USB 接口的无需物理驱动器的微型高容量移动存储产品，可以通过 USB 接口与计算机连接，实现即插即用。

优盘最大的优点就是采用 Flash 存储器(闪存)芯片，体积小，重量轻，容量可以按需要而定(256MB ~ 2GB)，具有写保护功能，数据保存安全可靠，使用寿命长，使用 USB 接口，即插即用，支持热插拔(必须先停止工作)，读写速度比软盘快，可以模拟软驱和硬盘启动操作系统。

◇　答案与结论

通过了解上述案例分析，可以得出结论，本题答案为 D。

2.2 习　　题

一、单选题

1．CPU 中包含了几十个用来临时存放操作数和中间运算结果的存储装置，这种装置称为_____。
　　A．运算器　　　B．控制器　　　C．寄存器组　　　D．前端总线
2．I/O 操作的任务是将输入信息送入主机，或者将主机中的内容送到输出设备。下面有关 I/O 操作的叙述中错误的是_____。
　　A．PC 机中 CPU 负责对 I/O 设备进行全程控制
　　B．多个 I/O 设备可以同时进行工作
　　C．为了提高系统的效率，I/O 操作与 CPU 的数据处理操作通常是并行进行的
　　D．I/O 设备的种类多，性能相差很大，与计算机主机的连接方法也各不相同
3．以下设备中不属于输出设备的是_____。
　　A．麦克风　　　B．绘图仪　　　C．音箱　　　D．显示器
4．在下列存储器中，用于存储显示屏上图像信息的是_____。
　　A．ROM　　　B．Cache　　　C．外存　　　D．显示存储器
5．在银行金融信息处理系统中，为使多个用户能够同时与系统交互，采取的主要技术措施是_____。

    A. 计算机必须有多台

    B. CPU 时间划分为 "时间片"，轮流为不同的用户程序服务

    C. 计算机必须配置磁带存储器

    D. 系统需配置 UPS 电源

6. 数码相机中将光信号转换为电信号的芯片是_____。

    A. Memory Stick   B. DSP

    C. CCD 或 CMOS   D. A/D

7. 下列是关于 CMOS 的叙述，错误的是_____。

    A. CMOS 是一种易失性存储器，关机后需电池供电

    B. CMOS 中存放有机器工作时所需的硬件参数

    C. CMOS 是一种非易失性存储器，其存储的内容是 BIOS 程序

    D. 用户可以更改 CMOS 中的信息

8. 根据 "存储程序控制" 的原理，准确地说计算机硬件各部件如何动作是由_____决定。

    A. CPU 所执行的指令   B. 操作系统

    C. 用户   D. 控制器

9. 下列关于液晶显示器的说法中，错误的是_____。

    A. 液晶显示器的体积轻薄，没有辐射危害

    B. LCD 是液晶显示器的英文缩写

    C. 液晶显示技术被应用到了数码相机中

    D. 液晶显示器在显示过程中仍然使用电子枪轰击方式成像

10. Pentium 系列微机的主板，其存放 BIOS 系统的大都是_____。

    A. 芯片组   B. 闪存(Flash ROM)

    C. 超级 I/O 芯片   D. 双倍数据速率(DDR)SDRAM

11. 当需要携带大约 20GB 的图库数据时，在下列提供的存储器中，人们通常会选择_____来存储数据。

    A. CD 光盘   B. 软盘   C. 优盘   D. 移动硬盘

12. 在运行_____操作系统的 PC 机上第一次使用优盘时必须人工安装优盘驱动程序。

    A. Windows Me   B. Windows XP   C. Windows 98   D. Windows 2000

13. 下面关于 I/O 操作的叙述中，错误的是_____。

    A. I/O 设备的操作是由 CPU 启动的

    B. I/O 设备的操作是由 I/O 控制器负责全程控制的

    C. 同一时刻计算机中只能有一个 I/O 设备进行工作

    D. I/O 设备的工作速度比 CPU 慢

14. 当多个程序共享内存资源时，操作系统的存储管理程序将把内存与_____有机结合起来，提供一个容量比实际内存大得多的 "虚拟存储器"。

    A. 高速缓冲存储器   B. 光盘存储器

    C. 硬盘存储器   D. 离线后备存储器

15. 扫描仪的性能指标一般不包含_____。

    A. 分辨率   B. 色彩位数   C. 刷新频率   D. 扫描幅面

16. CPU 不能直接读取和执行存储在_____中的指令。

　　　A.　Cache　　　　　　　B.　RAM　　　　　　　C.　ROM　　　　　　　D.　硬盘

17. 自 20 世纪 90 年代起，PC 机使用的 I/O 总线是_____，用于连接中、高速外部设备，
如以太网卡、声卡等。

　　　A.　PCI(PIC-E)　　　　　　　　　　　B.　USB
　　　C.　VESA　　　　　　　　　　　　　D.　ISA

18. 下列各类存储器中，_____在断电后其中的信息不会丢失。

　　　A.　寄存器　　　　　B.　Cache　　　　　C.　Flash ROM　　　D.　DDR SDRAM

19. CRT 显示器工作过程中的光栅扫描、同步、画面刷新等操作和控制都是由_____来完
成的。

　　　A.　AGP 端口　　　　B.　VRAM　　　　　C.　CPU　　　　　D.　绘图和显示控制电路

20. 在以下信息传输方式中，_____不属于现代通信范畴。

　　　A.　电报　　　　　　B.　电话　　　　　C.　传真　　　　　D.　DVD 影碟

21. 在 PC 机机箱中，硬盘驱动器的一种新型的高速串行接口是_____。

　　　A.　PCI　　　　　　B.　SATA　　　　　C.　AGP　　　　　D.　USB

22. 下面除_____设备以外，能作为用户和计算机直接联系的桥梁，实现人机通信。

　　　A.　打印机　　　　　B.　绘图仪　　　　　C.　扫描仪　　　　　D.　MODEM

23. 个人计算机存储器系统中的 Cache 是_____。

　　　A.　只读存储器　　　　　　　　　　　B.　高速缓冲存储器
　　　C.　可编程只读存储器　　　　　　　　D.　闪烁存储器

24. 关于 PC 机主板上的 CMOS 芯片，下面说法中正确的是_____。

　　　A.　CMOS 芯片用于存储计算机系统的配置参数，它是只读存储器
　　　B.　CMOS 芯片用于存储加电自检程序
　　　C.　CMOS 芯片用于存储 BIOS，是易失性的
　　　D.　CMOS 芯片需要一个电池给它供电，否则其中的数据在主机断电时会丢失

25. 以下关于操作系统中多任务处理的叙述中，错误的是_____。

　　　A.　将 CPU 时间划分成许多小片，轮流为多个程序服务，这些小片称为"时间片"
　　　B.　由于 CPU 是计算机系统中最宝贵的硬件资源，为了提高 CPU 的利用率，一般采用
多任务处理
　　　C.　正在 CPU 中运行的程序称为前台任务，处于等待状态的任务称为后台任务
　　　D.　在单 CPU 环境下，多个程序在计算机中同时运行时，意味着它们宏观上同时运行，
微观上由 CPU 轮流执行

26. 一个 80 万像素的数码相机，它可拍摄相片的分辨率最高为_____。

　　　A.　1280×1024　　　B.　800×600　　　C.　1024×768　　　D.　1600×1200

27. 扫描仪一般不使用_____接口与主机相连。

　　　A.　SCSID　　　　　B.　USB　　　　　C.　PS/2　　　　　D.　Firewire

28. 显示器的尺寸大小以_____为度量依据。

　　　A.　显示屏的面积　　　　　　　　　　B.　显示屏水平方向宽度
　　　C.　显示屏垂直方向宽度　　　　　　　D.　显示屏对角线长度

29. 构成一个完整的计算机系统，比较确切的说法是：它应该包括_____。

　　　A.　运算器、存储器、控制器　　　　　B.　主存和外部设备

C. 主机和实用程序 D. 硬件系统和软件系统

30. 当一个 PowerPoint 程序运行时，它与 Windows 操作系统之间的关系是_____。
    A. 前者(PowerPoint)调用后者(Windows)的功能
    B. 后者调用前者的功能
    C. 两者互相调用
    D. 不能互相调用，各自独立运行

31. 假定一个硬盘的磁头数为 16，柱面数为 1000，每个磁道有 50 个扇区，该硬盘的存储容量大约为_____。
    A. 400KB   B. 800KB   C. 400MB   D. 800MB

32. 下列关于操作系统设备管理的叙述中，错误的是_____。
    A. 设备管理程序负责对系统中的各种输入输出设备进行管理
    B. 设备管理程序负责处理用户和应用程序的输入输出请求
    C. 每个设备都有自己的驱动程序
    D. 设备管理程序驻留在 BIOS 中

33. Cache 通常介于主存和 CPU 之间，其速度比主存_____，容量比主存小，它的作用是弥补 CPU 与主存在_____上的差异。
    A. 快，速度   B. 快，容量   C. 慢，速度   D. 慢，容量

34. 把 C 语言源程序翻译成目标程序的方法通常是_____。
    A. 汇编   B. 编译   C. 解释   D. 由操作系统确定

35. 在计算机加电启动过程中，①加电自检程序，②操作系统，③引导程序，④自举装入程序，这四个部分程序的执行顺序为_____。
    A. ①、②、③、④   B. ①、③、②、④
    C. ③、②、④、①   D. ①、④、③、②

36. 语言处理程序的作用是把高级语言程序转换成可在计算机上直接执行的程序。下面不属于语言处理程序的是_____。
    A. 汇编程序   B. 解释程序   C. 编译程序   D. 监控程序

37. 从逻辑功能上讲，计算机硬件系统中最核心的部件是_____。
    A. 内存储器   B. 中央处理器   C. 外存储器   D. I/O 设备

38. 硬盘的平均寻道时间是指_____。
    A. 数据所在扇区转到磁头下方所需的平均时间
    B. 磁头移动到数据所在磁道所需的平均时间
    C. 硬盘找到数据所需的平均时间
    D. 硬盘旋转一圈所需的时间

39. 制作 3~5 英寸以下的照片，中低分辨率(1024×768 或 1600×1200)即可满足要求，所以对所用数码相机像素数目的最低要求是_____。
    A. 100 万   B. 200 万   C. 300 万   D. 400 万以上

40. 下列关于 I/O 控制器的叙述，正确的是_____。
    A. I/O 设备通过 I/O 控制器接收 CPU 的输入/输出操作命令
    B. 所有 I/O 设备都使用统一的 I/O 控制器

C. I/O 设备的驱动程序都存放在 I/O 控制器上的 ROM 中

D. 随着芯片组电路集成度的提高，越来越多的 I/O 控制器都从主板的芯片组中独立出来，制作成专用的扩充卡

41. 若 CRT 的分辨率为 1024×1024，像素颜色数为 256 色，则显示存储器的容量至少是_____。

　　A. 512KB　　　　B. 1MB　　　　C. 256KB　　　　D. 128KB

42. 下列关于操作系统处理器管理的说法中，错误的是_____。

　　A. 处理器管理的主要目的是提高 CPU 的使用效率

　　B. "分时"是指将 CPU 时间划分成时间片，轮流为多个程序服务

　　C. 并行处理操作系统可以让多个 CPU 同时工作，提高计算机系统的效率

　　D. 多任务处理都要求计算机必须有多个 CPU

43. 为了读取硬盘存储器上的信息，必须对硬盘盘片上的信息进行定位，在定位一个扇区时，不需要以下参数中的_____。

　　A. 柱面(磁道)号　　　　　　　　B. 盘片(磁头)号

　　C. 通道号　　　　　　　　　　　D. 扇区号

44. PC 机 CMOS 中保存的系统参数被病毒程序修改后，最方便、经济的解决方法是_____。

　　A. 重新启动机器

　　B. 使用杀毒程序杀毒，重新配置 CMOS 参数

　　C. 更换主板

　　D. 更换 CMOS 芯片

45. Pentium 处理器中包含了一组_____，用于临时存放参加运算的数据和运算得到的中间结果。

　　A. 控制器　　　　B. 寄存器　　　　C. 整数 ALU　　　　D. ROM

46. 下列各类扫描仪中，最适用于办公室和家庭使用的是_____。

　　A. 手持式　　　　B. 滚筒式　　　　C. 胶片式　　　　D. 平板式

47. 下列各组设备中，全部属于输入设备的一组是_____。

　　A. 键盘、磁盘和打印机　　　　　　B. 键盘、触摸屏和鼠标

　　C. 键盘、鼠标和显示器　　　　　　D. 硬盘、打印机和键盘

48. 操作系统具有存储器管理功能，它可以自动"扩充"内存，为用户提供一个容量比实际内存大得多的_____。

　　A. 虚拟存储器　　　　　　　　　　B. 脱机缓冲存储器

　　C. 高速缓冲存储器(Cache)　　　　D. 离线后备存储器

49. 下列关于计算机硬件组成的描述中，错误的是_____。

　　A. 计算机硬件包括主机与外设

　　B. 主机通常指的就是 CPU

　　C. 外设通常指的是外部存储设备和输入／输出设备

　　D. 一台计算机中可能有多个处理器，它们都能执行指令

50. 若一台计算机的字长为 32 位，则表明该计算机_____。

　　A. 系统总线的带宽为 32 位

B. 能处理的数值最多由 4 字节组成

C. 在 CPU 中定点运算器和寄存器为 32 位

D. 在 CPU 中运算的结果最大为 2^{32}

51. 键盘 Caps Lock 指示灯不亮时，如果需要输入大写英文字母，下列_____操作是可行的。

A. 按下 Shift 键的同时，击字母键

B. 按下 Ctrl 键的同时，击字母键

C. 按下 Alt 键的同时，击字母键

D. 直接击字母键

52. 下列选项中，属于击打式打印机的是_____。

A. 针式打印机　　　　　　　　　　B. 激光打印机

C. 热喷墨打印机　　　　　　　　　D. 压电喷墨打印机

53. 在下列几种存储器中，速度慢、容量小的是_____。

A. 优盘　　　　　　　　　　　　　B. 光盘存储器

C. 硬盘存储器　　　　　　　　　　D. 软盘存储器

54. 从存储器的存取速度上看，由快到慢依次排列的存储器是_____。

A. Cache、主存、硬盘和光盘　　　B. 主存、Cache、硬盘和光盘

C. Cache、主存、光盘和硬盘　　　D. 主存、Cache、光盘和硬盘

55. 下列关于操作系统处理器管理的说法中，错误的是_____。

A. 处理器管理的主要目的是提高 CPU 的使用效率

B. "分时"是指将 CPU 时间划分成时间片，轮流为多个程序服务

C. 并行处理操作系统可以让多个 CPU 同时工作，提高计算机系统的效率

D. 多任务处理都要求计算机必须有多个 CPU

56. 目前流行的很多操作系统都具有网络通信功能，但不一定能作为网络服务器的操作系统。以下操作系统中，一般不作为网络服务器操作系统的是_____。

A. Windows 98　　　　　　　　　B. Windows NT Server

C. Windows 2000 Server　　　　　D. UNIX

57. CPU 不能直接读取和执行存储在_____中的指令。

A. Cache　　　　B. RAM　　　　C. ROM　　　　D. 硬盘

58. CPU 的性能主要体现为它的运算速度，CPU 运算速度的传统衡量方法是_____。

A. 每秒所能执行的指令数目　　　　B. 每秒读写存储器的次数

C. 每秒内运算的平均数据总位数　　D. 每秒数据传输的距离

59. 计算机存储器采用多层次结构的目的是_____。

A. 方便保存大量数据

B. 减少主机箱的体积

C. 解决存储器在容量、价格和速度三者之间的矛盾

D. 操作方便

60. 在公共服务性场所，提供给用户输入信息最适用的设备是_____。

A. USB 接口　　　B. 软盘驱动器　　　C. 触摸屏　　　D. 笔输入

61. 下列关于打印机的说法，错误的是_____。
    A. 针式打印机只能打印汉字和 ASCII 字符，不能打印图案
    B. 喷墨打印机是使墨水喷射到纸上形成图案或字符
    C. 激光打印机是利用激光成像，静电吸附炭粉原理工作的
    D. 针式打印机是击打式打印机，喷墨打印机和激光打印机是非击打式打印机

62. 磁盘存储器的下列叙述中，错误的是_____。
    A. 磁盘盘片的表面分成若干个同心圆，每个圆称为一个磁道
    B. 硬盘上的数据存储地址由两个参数定位、磁道号和扇区号
    C. 硬盘的盘片、磁头及驱动机构全部密封在一起，构成一个密封的组合件
    D. 每个磁道分为若干个扇区，每个扇区的容量一般是 512 字节

63. 当多个程序共享内存资源时，操作系统的存储管理程序将把内存与_____结合起来，提供一个容量比实际内存大得多的"虚拟存储器"。
    A. 高速缓冲存储器   B. 光盘存储器
    C. 硬盘存储器   D. 离线后备存储器

64. 使用软件 MS Word 时，执行打开文件 C:\ABC.doc 操作，是将_____。
    A. 软盘上的文件读至 RAM，并输出到显示器
    B. 软盘上的文件读至主存，并输出到显示器
    C. 硬盘上的文件读至内存，并输出到显示器
    D. 硬盘上的文件读至显示器

65. 在 PC 中，各类存储器的速度由高到低的次序是_____。
    A. Cache、主存、硬盘、软盘   B. 主存、Cache、硬盘、软盘
    C. 硬盘、Cache、主存、软盘   D. Cache、硬盘、主存、软盘

66. 下列关于打印机的叙述中，错误的是_____。
    A. 激光打印机使用 PS/2 接口和计算机相连
    B. 喷墨打印机的打印头是整个打印机的关键
    C. 喷墨打印机属于非击打式打印机，它能输出彩色图像
    D. 针式打印机独特的平推式进纸技术，在打印存折和票据方面具有不可替代的优势

67. 关于键盘上的 CapsLock 键，下列叙述中正确的是_____。
    A. 它与 Alt+Del 键组合可以实现计算机热启动
    B. 当 CapsLock 灯亮时，按主键盘的数字键可输入其上部的特殊字符
    C. 当 CapsLock 灯亮时，按字母键可输入大写字母
    D. 按下 CapsLock 键时会向应用程序输入一个特殊的字符

68. 操作系统具有存储器管理功能，它可以自动"扩充"内存，为用户提供一个容量比实际内存大得多的_____。
    A. 虚拟存储器   B. 脱机缓冲存储器
    C. 高速缓冲存储器(Cache)   D. 离线后备存储器

69. 一台 P4/1.5GB/512MB/80GB 的个人计算机，其 CPU 的时钟频率是_____。
    A. 512MHz   B. 1500MHz   C. 80000MHz   D. 4MHz

70. 下列设备中可作为输入设备使用的是_____。

①触摸屏，②传感器，③数码相机，④麦克风，⑤音箱，⑥绘图仪，⑦显示器

    A. ①②③④　　　　B. ①②⑤⑦　　　　C. ③④⑤⑥　　　　D. ④⑤⑥⑦

71. 笔记本计算机中，用来替代鼠标器的最常用设备是_____。

    A. 扫描仪　　　　B. 笔输入　　　　C. 触摸板　　　　D. 触摸屏

72. 若 CRT 的分辨率为 1024×1024，像素颜色数为 256 色，则显示存储器的容量至少是_____。

    A. 512KB　　　　B. 1MB　　　　C. 256KB　　　　D. 128KB

73. 一张 CD 盘上存储的立体声高保真全频带数字音乐约可播放 1 小时，则其数据量大约是_____。

    A. 800MB　　　　B. 635MB　　　　C. 400MB　　　　D. 1GB

74. 虽然_____打印质量不高，但打印存折和票据比较方便，因而在超市收银机上普遍使用。

    A. 激光打印机　　　　　　　　　B. 针式打印机

    C. 喷墨式打印机　　　　　　　　D. 字模打印机

75. 下列关于打印机的叙述中，错误的是_____。

    A. 激光打印机使用 PS／2 接口和计算机相连

    B. 喷墨打印机的打印头是整个打印机的关键

    C. 喷墨打印机属于非击打式打印机，它能输出彩色图像

    D. 针式打印机独特的平推式进纸技术，在打印存折和票据方面具有不可替代的优势

76. 在下列存储设备中，容量最大的存储设备一般是_____。

    A. 硬盘　　　　B. 优盘　　　　C. 光盘　　　　D. 软盘

77. 下列选项中，_____不包含在 BIOS 中。

    A. POST 程序　　　　　　　　　B. 扫描仪、打印机等设备的驱动程序

    C. CMOS 设置程序　　　　　　　D. 系统自举程序

78. 下列关于存储器的说法中，正确的是_____。

    A. ROM 是只读存储器，其中的内容只能读一次

    B. 硬盘通常安装在主机箱内，所以硬盘属于内存

    C. CPU 不能直接从外存储器读取数据

    D. 任何存储器都有记忆能力，且断电后信息不会丢失

79. CPU 是构成微型计算机的最重要部件，下列关于 Pentium 4 的叙述中，错误的是_____。

    A. Pentium 4 除运算器，控制器和寄存器之外，还包括 Cache 存储器

    B. Pentium 4 运算器中有多个运算部件

    C. 计算机能够执行的指令集完全由该机所安装的 CPU 决定

    D. Pentium 4 的主频速度提高一倍，PC 机执行程序的速度也相应提高一倍

80. 使用 Pentium 4 作为 CPU 的 PC 中，CPU 访问主存储器是通过_____进行的。

    A. USB 总线　　　B. PCI 总线　　　C. I/O 总线　　　D. CPU 总线(前端总线)

81. CPU 的性能与_____无关。

    A. ALU 的数目　　　B. CPU 主频　　　C. 指令系统　　　D. CMOS 的容量

82. PC 机开机后，系统首先执行 BIOS 中的 POST 程序，其目的是_____。

    A.　读出引导程序，装入操作系统

    B.　测试 PC 各部件的工作状态是否正常

    C.　从 BIOS 中装入基本外围设备的驱动程序

    D.　启动 CMOS 设置程序，对系统的硬件配置信息进行修改

83. 正常情况下，外存储器中存储的信息在断电后_____。

    A.　会局部丢失　　　　　　　　　　B.　大部分会丢失

    C.　会全部丢失　　　　　　　　　　D.　不会丢失

84. 目前硬盘与光盘相比，具有_____的特点。

    A.　存储容量小，工作速度快　　　　B.　存储容量大，工作速度快

    C.　存储容量小，工作速度慢　　　　D.　存储容量大，工作速度慢

85. 下列说法中，只有_____是正确的。

    A.　ROM 是只读存储器，其中的内容只能读一次

    B.　CPU 不能直接读写外存中存储的数据

    C.　硬盘通常安装在主机箱内，所以硬盘属于内存

    D.　任何存储器都有记忆能力，即其中的信息永远不会丢失

86. 鼠标器通常有两个按键，按键的动作会以电信号形式传送给主机，按键操作的作用主要由_____决定。

    A.　CPU 类型　　　　　　　　　　B.　鼠标器硬件本身

    C.　鼠标器的接口　　　　　　　　　D.　正在运行的软件

87. 下列关于液晶显示器的叙述中，错误的是_____。

    A.　它的英文缩写是 LCD

    B.　它的工作电压低，功耗小

    C.　它几乎没有辐射

    D.　它与 CRT 显示器不同，不需要使用显示卡

88. PC 机加电启动时，正常情况下，执行了 BIOS 中的 POST 程序后，计算机将执行 BIOS 中的_____。

    A.　系统自举程序　　　　　　　　　B.　CMOS 设置程序

    C.　操作系统引导程序　　　　　　　D.　检测程序

89. 外置 MODEM 与计算机连接时，一般使用_____。

    A.　计算机的并行接口　　　　　　　B.　计算机的串行接口

    C.　计算机的 ISA 总线　　　　　　　D.　计算机的 PCI 总线

90. 硬盘上的一个扇区要用 3 个参数来定位，即_____。

    A.　磁盘号、磁道号、扇区号　　　　B.　柱面号、扇区号、簇号

    C.　柱面号、磁头号、簇号　　　　　D.　柱面号、磁头号、扇区号

91. 下列软件全都属于应用软件的是_____。

    A.　WPS、Excel、AutoCAD　　　　B.　Windows XP、SPSS Word

    C.　Photoshop、DOS、Word　　　　D.　UNIX、WPS、PowerPoint

92. 负责管理计算机的硬件和软件资源，为应用程序开发和运行提供高效率平台的软件是_____。

A. 操作系统　　　　　　　　　B. 数据库管理系统

C. 编译系统　　　　　　　　　D. 专用软件

93. 下列存储器中，存取速度最快的是_____。

A. 内存　　　　B. 硬盘　　　　C. 光盘　　　　D. 寄存器

94. 键盘上的 Shift 键称为_____。

A. 回车键　　　B. 退格键　　　C. 换挡键　　　D. 空格键

95. 下列关于 DVD 和 CD 光盘存储器的叙述中，错误的是_____。

A. DVD 与 CD 光盘存储器一样，有多种不同的规格

B. CD-ROM 驱动器可以读取 DVD 光盘上的数据

C. DVD-ROM 驱动器可以读取 CD 光盘上的数据

D. DVD 的存储器容量比 CD 大得多

96. 下列关于喷墨打印机特点的叙述中，错误的是_____。

A. 能输出彩色图像，打印效果好　　　B. 打印时噪声不大

C. 需要时可以多层套打　　　　　　　D. 墨水成本高，消耗快

97. 下列是关于 BIOS 的一些叙述，正确的是_____。

A. BIOS 是存放于 ROM 中的一组高级语言程序

B. BIOS 中含有系统工作时所需的全部驱动程序

C. BIOS 系统由加电自检程序，自检装入程序，CMOS 设置程序，基本外围设备的驱动
程序组成

D. 没有 BIOS 的 PC 机也可以正常启动工作

98. 下列不属于扫描仪主要性能指标的是_____。

A. 扫描分辨率　　　　　　　　　B. 色彩位数

C. 与主机接口　　　　　　　　　D. 扫描仪的时钟频率

99. CRT 显示器工作过程中的光栅扫描、同步、画面刷新等操作和控制都是由_____来完
成的。

A. AGP 端口　　　B. VRAM　　　C. CPU　　　D. 绘图和显示控制电路

100. 下列设备中，都属于图像输入设备的选项是_____。

A. 数码相机、扫描仪　　　　　　B. 绘图仪、扫描仪

C. 数字摄像机、投影仪　　　　　D. 数码相机、显卡

101. 长期以来，人们都按照计算机主机所使用的元器件为计算机划代，安装了高性能 Pentium 4
处理器的个人计算机属于_____计算机。

A. 第五代　　　B. 第四代　　　C. 第三代　　　D. 第二代

102. 在 Pentium 处理器中，加法运算是由_____完成的。

A. 总线　　　　　　　　　　　B. 控制器

C. 算术逻辑运算部件　　　　　D. Cache

103. 下面有关 I/O 操作的叙述中，错误的是_____。

A. 多个 I/O 设备能同时进行工作

B. I/O 设备的种类多，性能相差很大，与计算机主机的连接方法也各不相同

C. 为了提高系统的效率，I/O 操作与 CPU 的数据处理操作通常是并行的

D. PC 机中由 CPU 负责对 I/O 设备的操作进行全程控制

104. 数据所在的扇区转到磁头下的平均时间是硬盘存储器的重要性能指标，它是硬盘存储器的_____。

A. 平均寻道时间　　　　　　　　　　B. 平均等待时间

C. 平均访问时间　　　　　　　　　　D. 平均存储时间

二、填空题

1. PC 机物理结构中，_____几乎决定了主板的功能，从而影响到整个计算机系统性能的发挥。

2. 读出 CD-ROM 光盘中的信息，使用的是_____技术。

3. 计算机按照性能、价格和用途分为巨型计算机、大型计算机、小型计算机和_____。

4. 鼠标器的分辨率性能指标常用每英寸的点数_____来表示(填英文缩写)。

5. CD-ROM 盘片的存储容量大约为 600_____。

6. 当用户移动鼠标器时，所移动的_____和方向将分别变换成脉冲信号输入计算机，从而控制屏幕上鼠标器箭头的运动。

7. 在 PC 机的_____上有 CPU 插座和存储器插座，用来安装 CPU 芯片和存储器芯片。

8. 高性能计算机一般都采用"并行处理技术"，要实现此技术，至少应该有_____个 CPU。

9. 现代计算机的存储体系结构由内存和外存构成，其中_____在计算机工作时临时保存信息，关机或断电后将会丢失信息。

10. DVD 光盘和 CD 光盘直径大小相同，但 DVD 光盘的道间距要比 CD 盘_____，因此，DVD 盘的存储容量大。

11. 巨型计算机大多采用_____技术，运算处理能力极强。

12. 存储器分为内存储器和外存储器，它们中存取速度快而容量相对较小的是_____。

13. 从 PC 机的物理结构来看，将主板上 CPU 芯片、内存条、硬盘接口、网络接口、PCI 插槽等连接在一起的集成电路是_____。

14. CD-R 的特点是可以_____或读出信息，但不能擦除和修改。

15. 目前 PC 机配置的键盘大多触感好、操作省力，从按键的工作原理来说大多属于_____式键盘。

16. 从 PC 机的物理结构来看，芯片组是 PC 机主板上各组成部分的枢纽，它连接着_____、内存条、硬盘接口、网络接口、PCI 插槽等，主板上的所有控制功能几乎都由它完成。

17. 个人计算机一般都用单片微处理器作为_____，价格便宜、使用方便、软件丰富。

18. CPU 中用于分析指令操作码以确定需要执行什么操作的部件是指令_____部件。

19. 在主存储器地址被选定后，主存储器读出数据并送到 CPU 所需要的时间称为这个主存储器的_____时间。

20. IEEE 1394 主要用于连接需要高速传输大量数据的_____设备，其数据传输速度可高达 400Mbps。

21. CRT 显示器的主要性能指标包括：显示屏的尺寸、显示器的_____、刷新速率、像素的颜色数目、辐射和环保。

22. 每种 CPU 都有自己的指令系统，某一类计算机的程序代码未必能在其他计算机上运行，这个问题称为"兼容性"问题。目前 AMD 公司生产的微处理器与 Motorola 公司生产的微处理器是_____。

23. 设内存储器的容量为 1MB，若首地址的十六进制表示为 00000，则末地址的十六进制表示为_____。

24. PC 机的 I/O 接口可分为多种类型，按数据传输方式的不同可以分为_____和并行两种类型的接口。

25. 传统的硬盘接口电路有 SCSI 接口和 IDE 接口，近年来_____接口开始普及。

26. 在计算机网络中，只要权限允许，用户便可共享其他计算机上的_____、硬件和数据等资源。

27. 计算机使用的显示器主要有两类：CRT 显示器和_____显示器。

28. CPU 主要由控制器、_____器和寄存器组成。

29. PC 机的主存储器是由许多 DRAM 芯片组成的，目前其完成一次存取操作所用时间的单位是_____。

30. 用屏幕水平方向上可显示的点数与垂直方向上可显示的点数来表示显示器清晰度的指标，通常称为_____。

31. 按照性能、价格和用途，目前计算机分为_____、大型机、小型机和个人计算机。

32. 第四代计算机使用的主要元器件是_____。

33. 喷墨打印机的耗材之一是_____，它的使用要求很高，消耗也快。

34. 彩色显示器的彩色是由 3 个基色 R、G、B 合成得到的，如果 R、G、B 分别用 4 个二进位表示，则显示器可以显示_____种不同的颜色。

35. IP 地址分为 A、B、C、D、E 五类，若某台主机的 IP 地址为 202.129.10.10，该 IP 地址属于_____类地址。

36. 理论上讲，如果一个优盘的 USB 接口传输速度是 400Mbps，那么存储一个大小为 1GB 的文件大约需要_____s(取近似整数)。

37. CRT 显示器所显示的信息每秒钟更新的次数称为_____速率，它影响到显示器显示信息的稳定性。

38. CPU 主要由运算器和控制器组成，其中运算器用来对数据进行各种_____运算和逻辑运算。

39. 计算机中地址线数目决定了 CPU 可直接访问的存储空间大小，若计算机地址线数目为 20，则能访问的存储空间大小为_____MB。

40. 地址线宽度为 32 位的 CPU 可以访问的内存最大容量为_____GB。

41. CPU 主要由运算器和控制器组成，其中运算器用来对数据进行各种算术运算和_____运算。

42. 每一种不同类型的 CPU 都有自己独特的一组指令，一个 CPU 所能执行的全部指令称为_____系统。

43. 21 英寸显示器的 21 英寸是指显示屏的_____长度。

44. DIMM 内存条的触点分布在内存条的_____面，所以又被称为双列直插式内存条。

45. 软盘格式化的操作过程中，包含了按操作系统规定的格式把每个磁道划分为许多_____。

46. CRT 显示器的认证有多种，支持能源之星标准的显示器能够有效地节省_____。

47. 个人计算机分为_____和便携机两类，前者在办公室或家庭中使用，后者体积小，便于携带，又有笔记本和手持式计算机两种。

48. 一种可写入信息但不允许反复擦写的 CD 光盘，称为可记录式光盘，其英文缩写为_____。

49. 对逻辑值 "1" 和 "0" 实施逻辑乘操作的结果是_____。

50. _____计算机是内嵌在其他设备中的计算机，它广泛应用于用于数码相机、手机MP3 中。

51. Intel 公司在开发新的微处理器时，采用逐步扩充指令系统的做法，目的是与老的微处理器保持向下_____。

三、判断题

1. 采用不同厂家生产的 CPU 的计算机一定互相不兼容。

2. Windows 系统中，不同文件夹中的文件不能同名。

3. USB 接口使用 4 线连接器，虽然插头比较小，插拔方便，但必须在关机情况下方能插拔。

4. 在打印机的性能指标中，打印精度常用 dpi 来表示，一般 360dpi 以上的打印清晰程度才能使用户基本满意。

5. 随着大规模集成电路技术的发展，目前不少 PC 机的声卡已与主板集成在一起，不再做成独立的插卡。

6. 用 Pentium 4 的指令系统编写的可执行程序在 Pentium III 中不一定能被执行；反之，用 Pentium III 的指令系统编写的可执行程序在 Pentium 4 中一定能被执行。

7. 若用户想从计算机打印输出一张彩色图片，目前选用彩色喷墨打印机最经济。

8. USB 接口是一种高速的并行接口。

9. Windows 系统中采用图标(icon)来形象地表示系统中的文件、程序和设备等对象。

10. 主机通过 USB 接口可以为连接 USB 接口的 I/O 设备提供 + 5V 的电源。

11. 计算机安装操作系统后，操作系统即驻留在内存储器中，加电启动计算机工作时，CPU 就开始执行其中的程序。

12. 微处理器的字长指的是 I/O 总线的位数。

13. 目前，PC 机中的 CPU、芯片组、图形处理芯片等都是集成度超过百万晶体管的极大规模集成电路。

14. USB 接口是一种通用的串行接口，通常可连接的设备有移动硬盘、优盘、鼠标器、扫描仪等。

15. 操作系统三个重要作用体现在：管理系统硬软件资源、为用户提供各种服务界面、为应用程序开发提供平台。

16. 购置 PC 机时，销售商所讲的 CPU 主频就是 CPU 总线频率。

17. 如果将闪存盘加上写保护，它就能有效防止被计算机病毒所感染。

18. USB 接口按双向并行方式传输数据。

19. 接触式 IC 卡必须将 IC 卡插入读卡机卡口中，通过金属触点传输数据。

20. PC 机主板 CMOS 中存放了计算机的一些配置参数，其内容包括系统的日期和时间、软

　　盘和硬盘驱动器的数目、类型等参数。

21. 分辨率是数码相机的主要性能指标，分辨率的高低取决于数码相机中的 CCD 芯片内像素的数量，像素越多，分辨率越高。

22. PC 机的主板上有电池，它的作用是在计算机断电后，给 CMOS 芯片供电，保持该芯片中的信息不丢失。

23. I/O 设备的工作速度比 CPU 慢得多，为了提高系统的效率，I/O 操作与 CPU 的数据处理操作往往是并行进行的。

24. 大部分数码相机采用 CCD 成像芯片，芯片中像素越多，可拍摄的图像最高分辨率(清晰度)就越高。

25. 目前市场上有些 PC 机的主板已经集成了许多扩充卡(如声卡、以太网卡和显示卡)的功能，因此不再需要插接相应的适配卡。

26. 计算机常用的输入设备为键盘、鼠标，常用的输出设备有显示器、打印机。

27. 计算机中总线的重要指标之一是带宽，它指的是总线中数据线的宽度，用二进位数目来表示(如 16 位、32 位总线)。

28. 在计算机网络中传输二进制信息时，经常使用的速率单位有"kbps"、"Mbps"等。其中，1Mbps = 1000kbps。

29. I/O 操作的启动需要 CPU 通过指令进行控制。

30. 在使用配置了触摸屏的多媒体计算机时，可不必使用鼠标器。

31. 计算机常用的输入设备为键盘、鼠标器，笔记本计算机常使用轨迹球、指点杆和触摸板等替代鼠标器。

32. 不同的 I/O 设备的 I/O 操作往往是并行进行的。

33. 计算机系统中 I/O 设备的种类多，性能相差很大，与计算机主机的连接方法也各不相同。

34. USB 接口支持即插即用，不需要关机或重新启动计算机，就可以带电插拔设备。

35. 计算机加电后自动执行 BIOS 中的程序，将所需的操作系统软件装载到内存中，这个过程称为"自举"、"引导"或"系统启动"。

36. 光学鼠标具有速度快，准确性和灵敏度高，不需要专用衬垫，在普通平面上皆可操作等优点，是目前流行的一种鼠标器。

37. USB 接口可以为连接 USB 接口的 I/O 设备提供 + 5V 的电源。

38. CPU 总线也叫前端总线，它是 CPU 与内存之间传输信息的干道，它的传输速度直接影响着系统的性能。

39. 串行 I/O 接口一次只能传输一位数据，并行接口一次传输多位数据，因此，串行接口用于连接慢速设备，并行接口用于连接快速设备。

40. 针式打印机是一种击打式打印机，而喷墨式打印机是一种非击打式打印机。

41. 集成电路按用途可分为通用和专用两类，PC 机中的存储器芯片属于专用集成电路。

42. 计算机与外界联系和沟通的桥梁是输入／输出设备，简称 I/O 设备。

43. 主板上所能安装的内存最大容量、速度及可使用的内存条类型通常由芯片组决定。

44. 在 PC 机中，存取速度由快到慢依次排列为：主存、Cache、光盘和硬盘。

45. Windows 系统中，每一个物理硬盘只能建立一个根目录，不同的根目录对应的是不同的物理硬盘。

2.3　习题参考答案

一、单选题

1. C	2. A	3. A	4. D	5. B	6. C	7. C	8. A	9. D
10. B	11. D	12. C	13. C	14. C	15. C	16. D	17. A	18. C
19. D	20. D	21. B	22. D	23. B	24. D	25. C	26. C	27. A
28. D	29. D	30. A	31. C	32. D	33. A	34. B	35. D	36. D
37. B	38. B	39. B	40. A	41. B	42. D	43. C	44. B	45. B
46. D	47. B	48. A	49. B	50. C	51. B	52. A	53. D	54. A
55. D	56. A	57. D	58. A	59. C	60. C	61. A	62. B	63. C
64. C	65. A	66. A	67. D	68. A	69. D	70. A	71. D	72. B
73. B	74. B	75. A	76. A	77. B	78. D	79. D	80. D	81. D
82. B	83. D	84. B	85. B	86. D	87. D	88. D	89. D	90. D
91. A	92. A	93. D	94. C	95. B	96. C	97. C	98. D	99. D
100. A	101. B	102. C	103. D	104. B				

二、填空题

1. 芯片组	2. 激光	3. 个人计算机	4. dpi
5. MB	6. 距离	7. 主板	8. 2
9. 内存	10. 小	11. 并行处理	12. 内存储器
13. 芯片组	14. 写入一次	15. 电容	16. CPU
17. 中央处理器	18. 译码	19. 存取	20. 音视频
21. 分辨率	22. 不兼容	23. FFFFF	24. 串行
25. SATA	26. 软件	27. LCD	28. 运算器
29. ns	30. 分辨率	31. 巨型机	32. 超大规模集成电路
33. 墨盒	34. 4096	35. C	36. 20
37. 刷新	38. 算术	39. 1	40. 4
41. 逻辑	42. 指令	43. 对角线	44. 两
45. 扇区	46. 电能	47. 台式机	48. CD-R
49. 0	50. 嵌入式	51. 兼容	

三、判断题

1. N	2. N	3. N	4. Y	5. Y	6. Y	7. Y	8. N	9. Y
10. Y	11. N	12. N	13. N	14. Y	15. Y	16. N	17. Y	18. N
19. Y	20. Y	21. Y	22. Y	23. Y	24. Y	25. Y	26. Y	27. N
28. Y	29. Y	30. Y	31. Y	32. Y	33. Y	34. Y	35. Y	36. Y
37. Y	38. Y	39. N	40. Y	41. N	42. Y	43. Y	44. N	45. N

知识模块三　计算机软件

3.1　案　例　分　析

【案例 3-1】下列不属于计算机软件技术的是_____。

    A. 数据库技术   B. 系统软件技术

    C. 程序设计技术   D. 单片机接口技术

❖　案例分析

计算机系统有两个组成部分，如图 3-1 所示，分别是计算机硬件系统和计算机软件。硬件是组成计算机的各种物理设备的总称，计算机软件是人与硬件的接口，指挥和控制着硬件的工作过程。

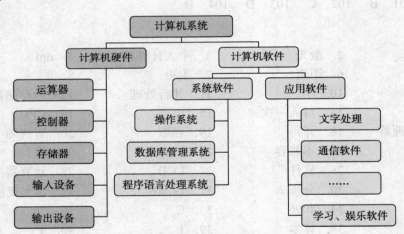

图 3-1　计算机系统组成

单片机就是中央处理器、存储器、定时器、I/O 接口电路等一些计算机的主要功能部件集成在一块集成电路芯片上的微型计算机。微型计算机系统，特别是较大型的工业测控系统中，除外围装置(打印机、键盘、磁盘、CRT)外，还有许多外部通信、采集、多路分配管理、驱动控制等接口。

计算机软件(Computer Software)，简称为软件，是指在计算机系统中执行特定任务的计算机程序、算法和文档的集合。软件是一个非常宽泛的概念，与硬件相对应，例如电影、电视、音乐、文档记录等都是软件。例如，操作系统作为一种软件，包含了各种操作命令程序、命令中处理数据的各种算法以及用户手册等文档。

软件是一种产品，涉及操作系统、程序设计语言、算法等许多不同的技术。因此，计算机软件技术是与软件的设计、实施和使用相关的多种技术的统称。

❖ 答案与结论

通过了解上述案例分析，可以得出结论，本题答案为 D。

❖ 知识延伸

(1) 程序与软件之间的区别是什么？

答：程序是告诉计算机做什么和如何做的一组指令(语句)，这些指令(语句)都是计算机能够理解并能够执行的一些命令。软件和程序本质上是相同的，在不会发生混淆的场合下软件和程序两个名称经常可以互换使用，并不严格加以区分。

软件的含义与程序相比较更宏观、更物化一些。软件是指设计比较成熟、功能比较完善、具有某种使用价值的程序。软件包括程序主体、与程序相关的数据和文档统称为软件。

"软件"强调的是产品、工程、产业或学科等宏观方面的含义，"程序"更侧重技术层面的含义。

程序的特性如下：

① 用于完成某一确定的信息处理任务。

② 使用某种计算机语言描述如何完成该任务。

③ 预先存储在计算机中，启动运行后才能完成任务。

(2) 计算机的灵活性和通用性表现在什么地方？

答：计算机的灵活性和通用性表现在两个方面：一方面表现在通过执行不同的程序来完成不同的任务，如图 3-2 所示；另一方面表现在即使执行同一个程序，当输入的数据不同时输出结果也不一样，如图 3-3 所示。

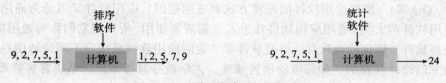

图 3-2 不同程序完成不同的任务

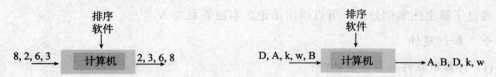

图 3-3 相同程序处理不同的数据

(3) 计算机硬件和计算机软件之间有哪些区别和联系？

答：计算机软件与计算机硬件是相互协同工作的。计算机硬件指计算机系统的物理部分，包括主板、显示器、CPU、RAM 内存、硬盘、键盘、鼠标、电源等，用于存储和运行计算机软件。如果缺少了计算机软件，计算机硬件是毫无用途的。

从形状上来看，计算机硬件是指有形的、可触摸的实际物体，而计算机软件则是无形的、不可触摸的抽象实体。

【案例 3-2】从应用的角度看软件可分为两类：一是管理系统资源，提供常用基本操作的软件称为_____，二是为用户完成某项特定任务的软件称为应用软件。

A. 系统软件　　　　　　　　B. 通用软件
C. 定制软件　　　　　　　　D. 普通软件

❖　案例分析

软件按照不同的原则和标准，可以分成不同的种类。如果从应用的角度进行划分可以分成系统软件和应用软件两大类，如图3-4所示。

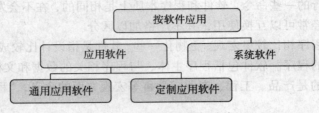

图 3-4　按应用对软件分类

1) 系统软件

泛指那些为了有效地使用计算机系统、给应用软件开发与运行提供支持或者能为用户管理与使用计算机提供方便的一类软件，如基本输入/输出系统(BIOS)、操作系统(如 Windows)、程序设计语言处理系统(如 C 语言编译器)、数据库力系统(如 Access)、常用的实用程序(如磁盘清理程序、备份程序等)。

2) 应用软件

泛指那些专门用于解决各种具体应用问题的软件，如文字处理软件(如 WPS)、通信软件(如 MSN、QQ 等)。按照应用软件的开发方式和适用范围，应用软件又可分为通用应用软件和定制应用软件两大类。通用应用软件几乎人人都需要使用，所以把它们称为通用应用软件，如文字处理软件、信息检索软件、游戏软件等。定制应用软件是按照不同领域用户的特定应用要求而专门设计开发的，如超市的销售管理、大学教务管理系统、酒店客房管理系统等。

❖　答案与结论

通过了解上述案例分析，可以得出结论，本题答案为 A。

❖　知识延伸

(1) 计算机软件具有哪些特性？
答：计算机软件具有如下特性。
① 不可见性：是无形的，不能被人们直接观察、欣赏和评价。
② 适用性：可以适应一类应用问题的需要。
③ 依附性：依附于特定的硬件、网络和其他软件。
④ 复杂性：规模越来越大，开发人员越来越多，开发成本也越来越高。
⑤ 无磨损性：功能和性能一般不会发生变化。
⑥ 易复制性：可以非常容易且毫无失真地进行复制。
⑦ 不断演变性：软件的生命周期。
⑧ 有限责任：有限保证，生产厂商不对软件使用的正确性、精确性、可靠性和通用性做任何承诺。

⑨ 脆弱性：黑客攻击、病毒入侵、信息盗用。

(2) 基本输入/输出系统(BIOS)中包含哪四个部分的程序？

① 加电自检程序。

② 系统主引导记录的装入程序。

③ CMOS 设置程序。

④ 基本外围设备的驱动程序。

【案例 3-3】未获得版权所有者许可就复制使用的软件被称为_____软件。

A. 共享　　　　B. 盗版　　　　C. 自由　　　　D. 授权

◇　案例分析

软件作为一种商品可以在市场上进行销售，如果按照软件权益的处置方式来进行分类，软件有商品软件、共享软件(Shareware)、自由软件(Free Software)之分，如图 3-5 所示。

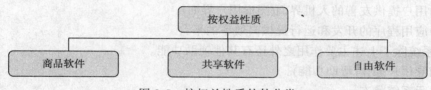

图 3-5　按权益性质软件分类

◇　答案与结论

通过了解上述案例分析，可以得出结论，本题答案为 B。

◇　知识延伸

(1) 商品软件、共享软件和自由软件之间的区别是什么？

答：所谓商品软件，是将软件当成商品出售，具有商品的使用价值和价值两个属性。一般来说，商品软件要求有一定数量的用户群，有一定范围的销售网络，有较为健全的咨询和软件维护技术队伍，有开发队伍不断地进行软件升级。

共享软件是一种"买前免费试用"的具有版权的软件，共享软件鼓励用户自由复制，自由应用，软件不加密，如果喜欢该软件，有义务向发行公司注册，只需付很少的注册费就可得到更多的技术支持以及进行技术交流，发行公司所收取的少量的注册费也仅是为了进一步发展和支持该软件。

自由软件又称免费软件，自由软件的创始人是理查德·斯塔尔曼(Richard Stallman)，他于 1984 年启动了开发"类 UNIX 系统"的自由软件工程，创建了自由软件基金会(FSF)，拟定了通用公共许可证(GPL)，倡导自由软件的非版权原则。该原则是：用户可以共享自由软件，允许随意复制、修改其源代码，允许销售和自由传播，但是，对软件源代码的任何修改都必须向所有用户公开，还必须允许此后的用户享有进一步复制和修改的自由。

(2) 用户将一个软件复制到多台机器上使用，是否违法？

答：用户购买了一个软件后，用户只是仅仅得到了该软件的使用权，并没有获得它的版权，因此随意进行软件复制和分发都是违法行为。版权法规定用户将一个软件复制到多台机器上使用是非法的，但是如果购买软件的同时还购买了该软件的许可证，则就允许同时安装在多台计算机上使用，或者允许所安装的一份软件同时被若干个用户使用。

【案例3-4】计算机操作系统的主要功能是_____。

    A. 对计算机的所有资源进行控制和管理，为用户使用计算机提供方便

    B. 对源程序进行翻译

    C. 对用户数据文件进行管理

    D. 对汇编语言程序进行翻译

  ◇ 案例分析

操作系统是最重要的一种系统软件，是许多程序模块的集合，能以尽量有效、合理的方式组织和管理计算机的软、硬件资源。

操作系统概括起来具有三项主要作用：

① 为计算机中运行的程序管理和分配系统中的各种软硬件资源。

② 为用户提供友善的人机界面(图形用户界面)。

③ 为应用程序的开发和运行提供高效率的平台。

操作系统除了上述主要作用之外还有其他辅助功能。

① 辅导用户操作(帮助功能)。

② 显示系统状态。

③ 处理软硬件错误。

④ 保护系统安全。

  ◇ 答案与结论

通过了解上述案例分析，可以得出结论，本题答案为 A。

  ◇ 知识延伸

没有安装任何软件的计算机称为裸机，裸机是无法使用的。操作系统是计算机软件当中的最重要的一种系统软件，操作系统屏蔽了计算机中几乎所有物理设备的技术细节，为使用、开发和运行其他软件提供了一个高效、可靠的平台，如图 3-6 所示。

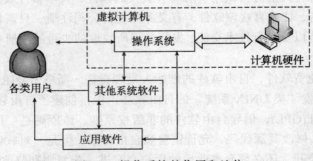

图 3-6　操作系统的作用和地位

操作系统以尽量有效、合理的方式组织和管理计算机的软硬件资源，合理地安排计算机的工作流程，控制和支持应用程序的运行，并向用户提供各种服务，使用户能灵活、方便、有效、安全地使用计算机，也使整个计算机系统高效率地运行。

【案例3-5】在计算机加电启动过程中，①加电自检程序，②操作系统，③系统主引导记录程序，④系统主引导记录的装入程序，这四个部分程序的执行顺序为_____。

A. ①、②、③、④   B. ①、③、②、④

C. ③、②、④、①   D. ①、④、③、②

◇ 案例分析

安装了操作系统的计算机能够正常工作，打开计算机电源到计算机准备接受你发出的命令之间计算机所运行的过程称为引导(Boot)过程。我们知道，当关闭电源后，RAM的数据将丢失，操作系统通常驻留在硬盘上。因此，计算机不是用RAM来保持计算机的基本工作指令，而是使用另外的方法将操作系统文件加载到RAM中，再由操作系统接管对机器的控制，如图3-7所示。引导过程可以概括成下面几个步骤：

(1) 加电自检程序：打开电源开关，CPU首先执行主板上BIOS中的自检程序，测试计算机中各部件的工作状态是否正常。

(2) 系统自举程序：系统完成POST自检后，ROM BIOS就首先按照系统CMOS设置中保存的启动顺序搜索软硬盘驱动器及CD-ROM等设备，按照CMOS中预先设定的启动顺序依次启动并将主引导记录装入到内存。

(3) 启动引导程序：CPU开始执行存储在ROM BIOS中的引导装入程序。

(4) 加载操作系统：系统主引导记录程序将操作系统文件从磁盘读到RAM中。

(5) 操作系统的运行：读取配置文件，根据用户的设置对操作系统进行定制装入，操作系统接管控制权。

(6) 准备读取命令和数据：计算机等待用户输入命令和数据。

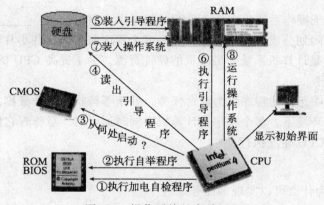

图3-7 操作系统的启动过程

◇ 答案与结论

通过了解上述案例分析，可以得出结论，本题答案为D。

◇ 知识延伸

(1) 用户如何设置操作系统从硬盘启动还是从光盘启动？

答：设置方法如下。

① 开机并在PC机执行引导程序之前，按住Del键(不同机器有所不同，有些机器是按

F1、F2、F8 键)不放，直到出现 BIOS 设置的蓝色窗口。

② 将光标移动到(按↑、↓、←、→)Advanced BIOS Features(高级 BIOS 功能设置)，按 Enter (回车)键，出现 Advanced BIOS Features 页面。

③ Advanced BIOS Features 页面中 First Boot Device 选项中选中 Hardisk/CD-ROM。

④ 按 Esc 键退出该页面，再选择 Save & Exit Setup(存储并退出)，按回车键，按 Y 键，再次按回车键即可。

当用户购买的新机器中没有安装操作系统时，用户必须进入 CMOS 中设置启动是从 CD-ROM 启动并安装操作系统，安装完操作系统后用户再进入 CMOS 中将启动项修改成从硬盘启动。

(2) CMOS 中存放了哪些相关数据？

① 系统的日期和时间。

② 系统的口令。

③ 系统中安装的硬盘、光盘驱动器的数量、类型及参数。

④ 显示卡的类型。

⑤ 启动系统时访问外存储器的顺序等。

(3) 当用户忘记 CMOS 中的系统登录口令时该如何登录？

CMOS 芯片是一块 RAM 芯片，在 PC 机的主板上有一块纽扣电池为 PC 机在断电的情况下 CMOS 进行供电，以保障 CMOS 中的数据不丢失。当我们忘记登录密码时可以将主板上这块纽扣电池卸下并重新安装上，使 CMOS 中的数据在断电情况下丢失，重新安装上后恢复 BIOS 中备份的 CMOS 中的设置数据。这样，用户就可以重新启动并进入 CMOS 进行参数设置。

【案例 3-6】以下关于操作系统中多任务处理的叙述中，错误的是：_____。

A. 将 CPU 时间划分成许多小片，轮流为多个程序服务，这些小片称为"时间片"

B. 由于 CPU 是计算机系统中最宝贵的硬件资源，为了提高 CPU 的利用率，一般采用多任务处理

C. 正在 CPU 中运行的程序称为前台任务，处于等待状态的任务称为后台任务

D. 在单 CPU 环境下，多个程序在计算机中同时运行时，意味着它们宏观上同时运行，微观上由 CPU 轮流执行

◇　案例分析

(1) 操作系统为什么可以实现多任务处理？

答：① CPU 速度极高，采用多任务处理技术可以充分发挥 CPU 的效能。

② CPU 与 I/O(外围设备)可以并行工作。

③ 各个外围设备之间可以并行工作，可以大大提高计算机的工作效率。

(2) 前台任务与后台任务的区别和联系是什么？

答：① 前台任务对应的窗口(活动窗口)位于其他窗口的前面。

② 活动窗口的标题栏比非活动窗口颜色更深(深蓝色)。

③ 不论任务是在前台还是后台，在同一时间段内多个任务同时都在计算机中运行。

(3) 操作系统是如何实现多任务并发处理的？

答：操作系统采用"并发式多任务"方式支持多多任务并发处理。所谓"并发式多任务"是指在宏观上可以同时打开多个应用程序，每个程序并行不悖，同时运行。在微观上由于只有一个 CPU，一次只能处理程序要求的一部分。如何处理公平，一种方法就是引入时间片，每个程序轮流执行。

操作系统本身的若干程序也是与应用程序同时运行的，它们一起参与 CPU 时间的分配。当然，不同程序重要性不完全一样，它们获得 CPU 使用权的优先级也有区别的。

下面介绍一些名词。

时间片：CPU 分配给各个程序的时间，每个进程被分配一个时间段，称作它的时间片，即该进程允许运行的时间，使各个程序从表面上看是同时进行的。如果在时间片结束时进程还在运行，则 CPU 将被剥夺并分配给另一个进程。如果进程在时间片结束前阻塞或结束，则 CPU 当即进行切换。而不会造成 CPU 资源浪费。

任务：指的是要计算机做的一件事，计算机执行一个任务通常就对应着运行一个应用程序。

单任务处理：前一个任务完成后才能启动后一个任务的运行，任务是顺序执行的。

多任务处理：允许计算机同时执行多个任务，任务是并发执行的，如编辑 PPT 讲稿 + 播放音乐 + 收发邮件。

前台任务：能接受用户输入(击键或按鼠标)的窗口只能有一个，称为活动窗口，它所对应的任务称为前台任务。

后台任务：除前台任务外，所有其他任务均为后台任务。

进程：进程是一个具有一定独立功能的程序关于某个数据集合的一次运行活动。

✧ 答案与结论

通过了解上述案例分析，可以得出结论，本题答案为 C。

✧ 知识延伸

(1) 进程与程序之间的关系是什么？

答：① 从定义上看，进程是程序处理数据的过程，而程序是一组指令的有序集合。
② 进程具有动态性、并发性、独立性和异步性等特点，而程序不具有这些特性。
③ 从进程结构特性上看，它包含程序(以及数据和进程控制块)。
④ 进程和程序并非一一对应(有些程序执行多个数据就具有多个进程)。

(2) 计算机中采用多核 CPU 时，是否可以同时执行多个任务？

答：当计算机上采用的是单核 CPU 技术时，操作系统完成的多任务处理技术是宏观上同时执行多个进程，微观上是顺序执行进行；当计算机上采用的是多核 CPU 技术时，多个内核可以同时有多个任务分别被不同的内核执行。

【案例 3-7】下面关于虚拟存储器的说明中，正确的是_____。

A. 是提高计算机运算速度的设备
B. 由 RAM 加上高速缓存组成
C. 其容量等于主存加上 Cache 的存储器
D. 由物理内存和硬盘上的虚拟内存组成

◇　案例分析

虚拟存储器是为了给用户提供更大的随机存取空间而采用的一种存储技术。它将内存与外存结合使用，好像有一个容量极大的内存储器，工作速度接近于主存，每位成本又与辅存相近，在整机形成多层次存储系统，如图 3-8 所示。

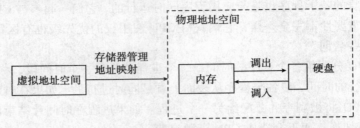

图 3-8　虚拟存储器的组织形式

　　传统的内存管理要求作业的全部信息必须装入内存系统才能运行。在用户作业日益增大的情况下，为作业分配足够大的内存非常困难，因此，存储器管理面临的重要任务是如何解决内存扩充问题，使得作业的执行不受内存大小限制，使得内存能够存放更大和更多的作业。

　　虚拟存储器管理为解决内存扩充问题而提出，其实现思想是将外存作为内存的扩充，作业运行不需要将作业的全部信息放入内存，可暂时将不运行的作业信息放在外存，通过内存与外存之间的对换，使系统逐步将作业信息放入内存，最终达到能够运行整个作业，从逻辑上扩充内存的目的。

　　虚拟存储器的实现基础是内存的分页式或分段式管理，采用的是进程页面或分段在内存与外存之间对换。

　　虚拟存储器管理允许进程的逻辑地址空间比物理内存空间更大，即小空间能够运行大程序，打破了程序运行受内存空间的约束，使操作系统不但能够接纳更大的作业，而且还能够接纳更多的作业，提高了系统的多道度和性能。

◇　答案与结论

通过了解上述案例分析，可以得出结论，本题答案为 D。

◇　知识延伸

(1) 虚拟存储技术、缓冲区技术、Cache 技术、排队技术？

　　答：虚拟存储技术是为了使计算机能够运行大于物理内存容量的程序时所采用的存储管理技术，它可以为用户提供一个比实际内存容量大得多的虚拟存储空间。缓冲区技术是为了减少主机等待 I/O 设备操作的时间，解决 I/O 设备速度与主机速度不匹配的问题所采用的技术。Cache 技术是为了减少 CPU 等待主存读写数据的时间，解决 CPU 工作速度与主存读写速度不匹配的问题所采用的技术。排队技术是处理器管理和设备管理中常常采用的一种资源调度策略，即多个任务排队等待获得某个资源的使用权。

　　(2) CPU 执行指令需要从存储器读取数据时，数据搜索的顺序是什么？

　　答：数据搜索的顺序是 Cache→DRAM→硬盘。

　　计算机在执行程序时，CPU 将预测可能会使用哪些数据和指令，并将这些数据和指令预先送入 Cache。当 CPU 需要从内存读取数据或指令时，先检查 Cache 中有没有，若有，就直接从 Cache 中读取，不用访问内存(DRAM)；若没有，就到硬盘中搜索数据。

(3) 虚拟存储管理中页面替换算法有哪些？

答：虚拟存储管理中页面替换算法用来确定替换主存中哪一部分，以便腾空部分主存，存放来自辅存要调入的那部分内容。常见的替换算法有 4 种。

① 随机算法：用软件或硬件随机数产生器确定替换的页面。

② 先进先出：先调入主存的页面先替换。

③ 近期最少使用算法：替换最长时间不用的页面。

④ 最优算法：替换最长时间以后才使用的页面。这是理想化的算法，只能作为衡量其他各种算法优劣的标准。

虚拟存储器的效率是系统性能评价的重要内容，它与主存容量、页面大小、命中率、程序局部性和替换算法等因素有关。

【案例 3-8】下面关于操作系统中文件目录的说法，正确的是_____。

A. Windows 操作系统采用多级层次式结构(树状结构)

B. 文件夹说明信息中记录了此文件夹中所有文件和文件夹的信息

C. 多级文件夹结构允许同一文件夹中出现同名文件

D. 文件夹将文件分隔开来，不允许共享

✧ 案例分析

文件是指存储在外部存储设备中的带有标识的一组相关信息的集合。"文件的标识"是指一组文件说明信息，包括：文件名、文件扩展名、文件长度、文件创建及修改的日期和时间、文件正文的起始存储地址、文件读写属性等。"一组相关信息"是指文件的正文，即文件的内容。

为了实现文件的分类存储、有效地管理和存取大量的文件，大多操作系统采用了多级树形目录结构。以 Windows 为例，Windows 中文件目录也称为文件夹，它采用树状结构进行组织。每一个磁盘有一个根目录，它包含若干文件和文件夹，文件夹中不但可以包含文件，还可以包含下一级的文件夹。这种多级文件夹结构允许不同文件夹中的文件使用相同的名字，但不允许同一文件夹中出现同名文件。与文件相似，文件夹也有若干说明信息，除了文件夹名字之外，还包括存放位置、大小、创建时间、文件夹的属性等。

使用文件夹的最大优点是它为文件的共享和保护提供了方便，任何一个文件夹均可以设置为"共享"或"非共享"，前者表示该文件夹中的所有文件可以被网络上的其他用户共享，后者则表示该文件夹中的所有文件只能由用户本人使用，其他用户不能访问。

✧ 答案与结论

通过了解上述案例分析，可以得出结论，本题答案为 A。

✧ 知识延伸

(1) 文件管理程序是怎样为文件在外存储器中分配和管理存储空间的？

答：在 Windows 中，操作系统将每个硬盘分区上的数据区划分为许多大小相同的存储块，称为"簇"。并按顺序给每个簇一个唯一的编号，同时在每个硬盘分区中都保存了两份内容相同的文件分配表(FAT)。文件分配表是一个数字表项列表，其中的每个表项描述了所在硬盘分区中一个特定簇的分配与使用情况，而一个硬盘分区中的每个簇在其 FAT 中都有一个唯一对应的表项。一个文件在硬盘分区中被存储时，常常需要占用多个簇的存储空间。操作系统在保存一个文件到磁盘上时，会给该文件分配所需要的足够数量的簇，由于这些簇在磁盘中的物理位置不一定是连续的，因此操作系统将分配给一个文件的多个簇之间的链接信息保存在文件分配表中，同时将该文件占用的第一个簇的簇号保存在文件说明信息所在的目录表项中。当用户发出读写文件的命令时，操作系统首先查找根目录表，得到磁盘上存储该文件的第一个簇的簇号，之后必须查找 FAT 才能得到存储该文件的除第一个簇以外的所有其他簇的簇号。如果 FAT 中保存的这些信息被破坏，则除第一个簇外，组成该文件的其他簇都将无法找到。

(2) Windows 操作系统使用的文件说明信息中的文件属性有哪些？

答：系统，只有 Windows 的系统文件才具有系统属性。只读，具有这种属性的文件不能进行修改和存盘操作。隐藏，除非在"文件夹选项"中选择了"显示所有文件"按钮，这类文件不会被显示出来。存档，这类文件在使用完毕后，系统会提示我们进行存档操作，如我们编辑的 Word 文件、在写字板或记事本中编辑的文件等，系统会自动将其属性定义成存档。

【案例 3-9】下列关于计算机算法的叙述中，错误的是_____。

A. 算法与程序不同，它是问题求解规则的一种过程描述，总在执行有穷步的运算后终止

B. 算法的设计一般采用由粗到细、由具体到抽象的逐步求解的方法

C. 算法的每一个运算必须有确切的定义，即每一个运算应该执行何种操作必须是清楚明确的、无二义性

D. 分析一个算法好坏，要考虑其占用的计算机资源(如时间和空间)、算法是否易理解、易调试和易测试

❖ 案例分析

1) 算法的概念

算法是一系列解决问题的清晰指令，算法代表着用系统的方法描述解决问题的策略机制。也就是说，能够对一定规范的输入，在有限时间内获得所要求的输出。如果一个算法有缺陷，或不适合于某个问题，执行这个算法将不会解决这个问题。不同的算法可能用不同的时间、空间或效率来完成同样的任务。一个算法的优劣除考虑其正确性外，还要从执行算法所要占用计算机资源的多少(包括时间复杂度和空间复杂度)、算法是否容易理解、是否容易调试和测试等方面来衡量。人们通过长期的研究开发工作，已经总结了一些基本的算法设计方法，总体来讲算法的设计一般采用由粗到细、由抽象到具体的逐步求精的方法。

2) 算法的特征

① 有穷性(Finiteness)：是指算法必须能在执行有限个步骤之后终止。

② 确切性(Difiniteness)：算法的每一步骤必须有确切的定义。

③ 可行性(Effectiveness)：算法中有待实现的操作都是可执行的，即在计算机的能力范围之内，且在有限的时间内能够完成。

④ 输入项(Input)：一个算法有 0 个或多个输入，以刻画运算对象的初始情况，所谓 0

个输入是指算法本身定出了初始条件。

⑤ 输出项(Output)：一个算法有一个或多个输出，以反映对输入数据加工后的结果。没有输出的算法是毫无意义的。

❖ 答案与结论

通过了解上述案例分析，可以得出结论，本题答案为 B。

❖ 知识延伸

(1) 程序和算法有何区别？

答：程序是用某种计算机程序语言编写的指令、命令、语句的集合。程序与算法不同，程序可以不满足有穷性，而算法必须满足有穷性。算法是解决一个问题的方法和步骤，而程序是算法的一种描述形式，对算法的具体实现。程序有严格的语法规则，算法没有。算法是程序的灵魂。

$$程序 = 算法 + 数据结构$$

(2) 在设计算法时不需要考虑数据的表示，因此算法与数据无关。这种表述对吗？为什么？

答：这种叙述不对。对数据进行处理的算法是基于数据结构的，数据结构则包含数据的逻辑结构和存储结构。求解一个具体问题，采用的数据结构不同，其算法也必定是有区别的。在设计算法时，可以暂不考虑用于存储数据的变量的个体细节，但必须考虑数据的存储结构，因此算法是与数据有关的。

【案例 3-10】分析某个算法的优劣时，从需要占用的计算机资源角度，应考虑的两个方面是_____。

A. 空间代价和时间代价   B. 正确性和简明性

C. 可读性和开放性   D. 数据复杂性和程序复杂性

❖ 案例分析

一个算法的优劣除考虑其正确性外，还要从执行算法所要占用计算机资源的多少(包括时间复杂度和空间复杂度)、算法是否容易理解、是否容易调试和测试等方面来衡量。

1) 算法的时间复杂度

算法的时间复杂度是指执行算法所需要的计算工作量。

同一个算法用不同的语言实现，或者用不同的编译程序进行编译，或者在不同的计算机上运行，效率均不同。这表明使用绝对的时间单位衡量算法的效率是不合适的。撇开这些与计算机硬件、软件有关的因素，可以认为一个特定算法"运行工作量"的大小，只依赖于问题的规模(通常用整数 n 表示)，它是问题规模的函数，即算法的工作量 $= f(n)$。

2) 算法的空间复杂度

算法的空间复杂度是指执行这个算法所需要的内存空间。

一个算法所占用的存储空间包括算法程序所占的空间、输入的初始数据所占的存储空间以及算法执行过程中所需要的额外空间。其中额外空间包括算法程序执行过程中的工作单元以及某种数据结构所需要的附加存储空间。如果额外空间量相对于问题规模来说是常数，则称该算法是原地工作的。在许多实际问题中，为了减少算法所占的存储空间，通常采用压缩存储技术，以便尽量减少不必要的额外空间。

❖　答案与结论

通过了解上述案例分析，可以得出结论，本题答案为 A。

❖　知识延伸

(1) 基本的算法设计方法有哪些？

答：① 枚举法是针对待解决的问题，列举所有可能的情况，并用问题中给定的条件来检验哪些是必需的，哪些是不需要的。

② 归纳法是从特殊到一般的抽象过程，通过分析少量的特殊情况，找出一般的关系。

③ 递归法是指在解决问题的过程中，直接或间接的调用自己。递归法包括"递推"和"回归"两部分。递推：就是为得到问题的解，将它推到比原问题简单的问题的求解。回归：指简单问题得到解后，回归到原问题的解上来。

④ 回溯法通过对待解决的问题进行分析，找出一个解决问题的线索，然后根据这个线索进行探测，若探测成功便可得到问题的解，若探测失败，就要逐步回退，改换别的路经进一步探测，直到问题得到解答或问题最终无解。

(2) 算法一定在执行有限步之后终止，运行算法后就能获知时间和空间资源的开销，为什么还要做算法分析？

答：算法的描述可以有多种形式，例如：自然语言、流程图、伪代码以及编程语言都可以用来描述算法。因此，算法并不都是能直接运行的，只有用编程语言描述的算法才能在计算机上运行。对一个问题的计算机求解，可以有许多不同思路的算法。不同算法运行时在计算机资源消耗方面常有很大的差别。算法分析的目的之一是在将算法转换为程序之前对算法需占用的时间资源和空间资源做一些先验性的估计和预测，以便决定算法的取舍。

【案例 3-11】CPU 唯一能够执行的程序是用_____语言编写的。

　　A. 命令语言　　　B. 机器语言　　　C. 汇编语言　　　D. 高级语言

❖　案例分析

1) 机器语言与机器语言的编程特性

机器语言是用二进制编码表示的、能够在特定型号的 CPU 中被直接执行的机器指令集合。机器语言与硬件关系十分密切、不同型号的 CPU 其机器语言不一定完全相同，因此机器语言是一种面向机器的编程语言。用机器语言编写的程序是一种人难以阅读和记忆但可以被 CPU 理解并直接执行的程序。

2) 汇编语言与汇编语言的编程特性

汇编语言是将能在特定型号 CPU 中执行的机器指令用一种容易记忆和理解的符号来表示的指令集合。汇编指令便于人们阅读和记忆，但不能被 CPU 直接执行。一台计算机的汇编指令通常与机器指令一一对应，通过特定的翻译程序可将每条汇编指令转换为对应的机器指令。汇编语言与硬件也有密切的关系，对于不同类型的 CPU，其汇编语言也不一定完全相同，因此汇编语言也是一种面向机器的编程语言。

3) 高级语言与高级语言的编程特性

高级语言是符号化的语句集合，所谓"符号化的语句"，是指用于描述程序中的运算、操作和过程的符号系统接近自然语言和数学语言，而与硬件无关。用高级语言编写的程序不能被 CPU 直接理解和执行，但容易被人阅读和理解。通过翻译程序可将程序中的每条语句转换为功能等价并可在特定型号的 CPU 上执行的指令序列。由于不同型号的 CPU 其指令系统存在差异，因此对于同一种高级语言来说，在指令系统不兼容的 CPU 上运行的翻译程序也是不相同的。

◇ 答案与结论

通过了解上述案例分析，可以得出结论，本题答案为 B。

◇ 知识延伸

(1) 高级程序设计语言中的什么成分用来描述程序中对数据的处理？

答：高级程序设计语言包含了四种基本成分。

① 数据成分：用以描述程序所处理的数据对象。

② 运算成分：用以描述程序所包含的运算。

③ 控制成分：用以表达程序中的控制构造。

④ 传输成分：用以表达程序中数据的传输。因此高级程序设计语言中的运算成分用来描述程序中对数据的处理。

(2) 高级程序设计语言的控制结构主要包括哪些？

答：高级程序设计语言的控制结构主要包括顺序结构、条件选择结构、重复结构，如图 3-9 所示。

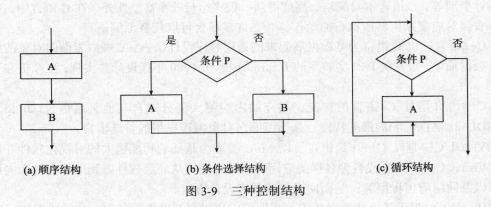

(a) 顺序结构　　　　(b) 条件选择结构　　　　(c) 循环结构

图 3-9　三种控制结构

(3) 高级语言是否等同自然语言，像自然语言一样灵活方便？

答：高级语言虽然接近自然语言，但与自然语言仍有很大的差距，主要表现在高级语言对于所采用的符号、各种语言成分及其构成、语句的格式等都有专门的规定，词法和句法规则极为严格。这是因为高级语言是由计算机理解和处理的，而计算机所具有的能力都是人预先赋予的，它本身不能自动适应变化的情况，缺乏高级的智能。因而想要高级语言和自然语言一样灵活方便，还有待进一步的努力。

(4) 程序设计语言处理系统包含了编译程序和解释程序，它们有何不同？

答：它们都属于程序设计语言处理系统，都能对源程序进行翻译转换成等价的另一种语言，它们不同之处在于翻译处理的方法。编译程序是对高级语言源程序进行一遍或多遍扫描并进行相应的处理，产生功能等价的目标程序，再对目标程序连接后，生成一个可在具体计算机上执行的程序。解释程序是对源程序边翻译边执行，翻译完成执行也同步完成，解释程序并不形成机器语言形式的目标程序。解释程序的优点是实现算法简单，缺点是运行效率低。

【案例 3-12】下面关于程序设计语言的说法错误的是_____。

    A. FORTRAN 语言是一种面向过程的程序设计语言

    B. JAVA 是面向对象的程序设计语言

    C. C 语言与运行支持环境分离，可移植性好

    D. C++是面向过程的语言，VC 是面向对象的语言

  ◇　案例分析

1) FORTRAN 语言

FORTRAN，是英文"Formula Translator"的缩写，译为"公式翻译器"，是一种主要用于数值计算的面向过程的程序设计语言。它是世界上最早出现的计算机高级程序设计语言，广泛应用于科学和工程计算领域。FORTRAN 语言以其特有的功能在数值、科学和工程计算领域发挥着重要作用。

2) C 语言和 C++语言

C 语言：1972 年至 1973 间由 AT&T 公司 Bell 实验室的 D. M. RitChie 在 BCPL 语言基础上设计而成的，著名的 UNIX 操作系统就是用 C 语言编写的。

C 语言的特点：语言与运行支撑环境分离、可移植性好、语言规模小因而相对简单、具有指针类型等，C 语言本身简洁、高度灵活、程序运行效率高。此外，在 C 语言中，有不少操作直接对应实际机器所执行的动作，并在许多场合可以代替汇编语言

C++语言：以 C 语言为基础发展起来的通用程序设计语言。C++内置面向对象的机制，支持数据抽象。最先由 Bell 实验室的 B.Stroustrup 在 1980 年代设计并实现，至今仍在不断发展。

C++语言是对 C 语言的扩充，扩充的内容绝大部分来自其他著名语言(如 Simula、ALGOL68、ADA 等)的最佳特性。是学习面向对象编程思想的首选语言。

Visual C++是以 C++作为语言、以 MFC 类库为基础的功能强大的可视化软件开发工具库；Visual C++可以完成各种各样的应用程序的开发，从底层软件直到上层直接面向用户的软件以及网络应用程序等；是面向对象的程序设计语言。

Visual C++提供强大的调试功能，为大型应用程序开发提供了有效的排错手段。

3) JAVA 语言

JAVA 语言：由 SUN Microsystem 公司于 1995 年 5 月正式对外公布的一种面向对象的、用于网络环境的程序设计语言。

JAVA 语言的特点：适用于网络分布环境，具有一定的平台独立性、安全性和稳定性。

  ◇　答案与结论

通过了解上述案例分析，可以得出结论，本题答案为 D。

  ◇　知识延伸

除上述程序设计语言外，具有影响的程序设计语言还有哪些？

答：Visual BASIC，是 Microsoft 公司在 BASIC 的基础上开发的一种程序设计语言，具有图形用户界面，可以快速开发 Windows 程序。LISP 语言主要用于人工智能领域，适用于符号操作和表处理。PROLOG 语言主要用于人工智能领域，是一种逻辑式的编程语言。ADA 语言是一种模块化语言，易于控制并行任务和处理异常情况。MATLAB 是一种面向向量和矩阵运算的数值计算语言。

3.2 习　　题

一、单选题

1. 设计算法通常采用_____的逐步求精方法。
　　A. 由粗到细、由抽象到具体　　　B. 由细到粗、由抽象到具体
　　C. 由粗到细、由具体到抽象　　　D. 由细到粗、由具体到抽象
2. 未获得版权所有者许可就复制和散发商品软件的行为被称为软件_____。
　　A. 共享　　　B. 盗版　　　C. 发行　　　D. 推广
3. 下列软件中具备丰富文本编辑功能的是_____。
　　A. 微软 Word　　　　　　　　　B. 微软 Word Player
　　C. 微软 Internet Explorer　　　　D. Adobe 公司的 Acrobat Reader
4. 语言处理程序的作用是把高级语言程序转换成可在计算机上直接执行的程序。下面不属于语言处理程序的是_____。
　　A. 汇编程序　　B. 解释程序　　C. 编译程序　　D. 监控程序
5. 下列关于操作系统处理器管理的说法中，错误的是_____。
　　A. 处理器管理的主要目的是提高 CPU 的使用效率
　　B. 多任务处理是将 CPU 时间划分成时间片，轮流为多个任务服务
　　C. 并行处理系统可以让多个 CPU 同时工作，提高计算机系统的性能
　　D. 多任务处理要求计算机使用多核 CPU
6. 一般认为，计算机算法的基本性质有_____。
　　A. 确定性、有穷性、能行性、产生输出
　　B. 可移植性、可扩充性、能行性、产生输出
　　C. 确定性、稳定性、能行性、产生输出
　　D. 确定性、有穷性、稳定性、产生输出
7. 以下所列结构中，_____属于高级程序设计语言的控制结构。
　　①顺序结构，②自顶向下结构，③条件选择结构，④重复结构
　　A. ①②③　　　B. ①③④　　　C. ①②④　　　D. ②③④
8. 操作系统具有存储器管理功能，它可以自动"扩充"内存容量，为用户提供一个容量比实际内存大得多的_____。
　　A. 虚拟存储器　　　　　　　　　B. 脱机缓冲存储器
　　C. 脱机缓冲存储器　　　　　　　D. 离线后备存储器
9. 下列诸多软件中，全都属于系统软件的是_____。

  A. Windows 2000、编译系统、Linux

  B. Excel、操作系统、浏览器

  C. 财务管理软件、编译系统、操作系统

  D. Windows 98、Google、Office 2000

10. 理论上已经证明，有了_____三种控制结构，就可以编写出任何复杂结构的计算机程序。

  A. 转子(程序)，返回，处理　　　　　B. 输入，输出，处理

  C. 顺序，选择，重复　　　　　　　　D. I/O，转移，循环

11. 就线性表的存储结构而言，以下叙述正确的是_____。

  A. 顺序结构比链接结构多占存储空间

  B. 顺序结构与链接结构相比，更有利于对元素的插入、删除运算

  C. 顺序结构比链接结构易于扩充表中元素的个数

  D. 顺序结构占用连续存储空间而链接结构不要求占用连续存储空间

12. 下列软件中，全都属于应用软件的是_____。

  A. WPS、Excel、AutoCAD　　　　B. Windows XP、QQ、Word

  C. Photoshop、Linux、Word　　　　D. UNIX、WPS、PowerPoint

13. 应用软件是指专门用于解决各种不同具体应用问题的软件，可分为通用应用软件和定制应用软件两类。下列软件中全部属于通用应用软件的是_____。

  A. WPS、Windows、Word

  B. PowerPoint、QQ、UNIX

  C. ALGOL 编译器、Photoshop、FORTRAN 编译器

  D. PowerPoint、Excel、Word

14. 在银行金融信息处理系统中，为使多个用户能够同时与系统交互，采取的主要技术措施是_____。

  A. 计算机必须有多台

  B. CPU 时间划分为"时间片"，轮流为不同的用户程序服务

  C. 计算机必须配置磁带存储器

  D. 系统需配置 UPS 电源

15. 以下不属于"数据结构"研究内容的是_____。

  A. 数据的逻辑结构　　　　　　　　　B. 数据的存储结构

  C. 数据的获取方法　　　　　　　　　D. 在数据上定义的运算

16. 高级语言程序中的算术表达式(如 X + Y − Z)，属于高级程序语言中的_____成分。

  A. 数据　　　　　B. 运算　　　　　C. 控制　　　　　D. 传输

17. 一般来说，在多任务处理系统中，_____，CPU 响应越慢。

  A. 任务数越少　　　　　　　　　　　B. 任务数越多

  C. 硬盘容量越大　　　　　　　　　　D. 内存容量越大

18. 以下不属于数据逻辑结构的是_____。

  A. 线性结构　　　B. 集合结构　　　C. 链表结构　　　D. 树形结构

19. 微软 Office 软件包中不包含_____。

A. Photoshop B. PowerPoint C. Excel D. Word

20. 下列关于计算机算法的叙述中，错误的是_____。
 A. 算法是问题求解规则(方法)的一种过程描述，在执行有穷步的运算后结束
 B. 算法的设计一般采用由细到粗、由具体到抽象的逐步求解的方法
 C. 算法的每一个运算必须有确切的定义，即必须是清楚明确、无二义性的
 D. 分析一个算法的好坏，要考虑其占用的计算机资源(如时间和空间)数量、算法是否易理解、易调试和易测试等

21. 以下关于操作系统中多任务处理的叙述中，错误的是_____。
 A. 将 CPU 时间划分成许多小片，轮流为多个程序服务，这些小片称为"时间片"
 B. 由于 CPU 是计算机系统中最宝贵的硬件资源，为了提高 CPU 的利用率，一般采用多任务处理
 C. 正在 CPU 中运行的程序称为前台任务，处于等待状态的任务称为后台任务
 D. 在单 CPU 环境下，多个程序在计算机中同时运行时，意味着它们宏观上同时运行，微观上由 CPU 轮流执行

22. 能把高级语言编写的源程序进行转换，并生成机器语言形式的目标程序的系统软件称为_____。
 A. 连接程序 B. 汇编程序
 C. 装入程序 D. 编译程序

23. 计算机的算法是_____。
 A. 问题求解规则(方法)的一种过程描述
 B. 计算方法
 C. 运算器中的处理方法
 D. 排序方法

24. 在运行_____操作系统的 PC 机上第一次使用优盘时必须人工安装优盘驱动 程序。
 A. Windows Me B. Windows XP
 C. Windows 98 D. Windows 2000

25. 用高级语言和机器语言编写实现相同功能的程序时，下列说法中错误的是_____。
 A. 前者比后者可移植性强 B. 前者比后者执行速度快
 C. 前者比后者容易编写 D. 前者比后者容易修改

26. 下列关于操作系统设备管理的叙述中，错误的是_____。
 A. 设备管理程序负责对系统中的各种输入输出设备进行管理
 B. 设备管理程序负责处理用户和应用程序的输入输出请求
 C. 每个设备都有自己的驱动程序
 D. 设备管理程序驻留在 BIOS 中

27. 高级程序设计语言中的 I/O 语句可用于对程序中数据的_____。
 A. 结构控制 B. 传输处理 C. 运算处理 D. 存储管理

28. 下列关于汇编语言的叙述中，错误的是_____。
 A. 汇编语言属于低级程序设计语言
 B. 汇编语言源程序可以直接运行

C. 不同型号 CPU 支持的汇编语言不一定相同

D. 汇编语言也是一种面向机器的编程语言

29. 下列_____语言内置面向对象的机制，支持数据抽象，已成为当前面向对象程序设计的主流语言之一。

    A. FORTRAN　　　　B. ALGOL　　　　C. C　　　　D. C++

30. 以下关于高级程序设计语言中的数据成分的说法中，错误的是_____。

    A. 数据的名称用标识符来命名

    B. 数组是一组相同类型数据元素的有序集合

    C. 指针变量中存放的是某个数据对象的地址

    D. 程序员不能自己定义新的数据类型

31. 下列关于程序设计语言的说法中，正确的是_____。

    A. 高级语言程序的执行速度比低级语言程序快

    B. 高级语言就是自然语言

    C. 高级语言与机器无关

    D. 计算机可以直接识别和执行用高级语言编写的源程序

32. 高级程序设计语言的 4 个基本组成成分有：_____。

    A. 数据、运算、控制、传输　　　　　B. 外部、内部、转移、返回

    C. 子程序、函数、执行、注解　　　　D. 基本、派生、定义、执行

33. 下面关于程序设计语言的说法错误的是_____。

    A. FORTRAN 语言是一种用于数值计算的面向过程的程序设计语言

    B. JAVA 是面向对象用于网络环境编程的程序设计语言

    C. C 语言与运行支撑环境分离，可移植性好

    D. C++是面向过程的语言，VC++是面向对象的语言

34. 下列关于 Windows 操作系统的说法中，错误的是_____。

    A. Windows 提供图形用户界面(GUI)

    B. Windows 支持"即插即用"的系统配置方法

    C. Windows 具有支持多种协议的通信软件

    D. Windows 的各个版本都可作为服务器使用的操作系统

35. 高级语言种类繁多，但其基本成分可归纳为四种，其中对处理对象的类型说明属于高级语言中的_____成分。

    A. 数据　　　　B. 运算　　　　C. 控制　　　　D. 传输

36. 下列关于操作系统任务管理的说法，错误的是_____。

    A. Windows 操作系统支持多任务处理

    B. 分时是指将 CPU 时间划分成时间片，轮流为多个程序服务

    C. 并行处理可以让多个处理器同时工作，提高计算机系统的效率

    D. 分时处理要求计算机必须配有多个 CPU

37. 高级程序设计语言的编译程序和解释程序属于_____。

    A. 通用应用软件　　　　　　B. 定制应用软件

    C. 中间件　　　　　　　　　D. 系统软件

38. 比较算法和程序，以下说法中正确的是_____。
    A. 算法可采用"伪代码"或流程图等方式来描述
    B. 程序中的指令和算法中的运算语句都必须用高级语言表示
    C. 算法和程序都必须满足有穷性
    D. 算法就是程序

39. 以下所列软件中，_____是一种操作系统。
    A. WPS　　　　　　B. Excel　　　　　　C. PowerPoint　　　　D. UNIX

40. 求解数值计算问题选择程序设计语言时，一般不会选用_____。
    A. FORTRAN　　　B. C 语言　　　　C. Visual FoxPro　　　D. MATLAB

41. 以下所列一般不作为服务器操作系统使用的是_____。
    A. UNIX　　　　　　　　　　　　B. Windows XP
    C. Windows NT Server　　　　　　D. Linux

42. 算法是问题求解规则的一种过程描述。下列关于算法性质的叙述中，正确的是_____。
    A. 算法一定要用高级语言描述
    B. 采用类似自然语言的"伪代码"或流程图来描述算法
    C. 条件选择结构由条件和选择的两种操作组成，因此算法中允许有二义性
    D. 算法要求在若干或无限步骤内得到所求问题的解答

43. 下列关于高级语言翻译处理方法的说法错误的是_____。
    A. 解释程序的优点是实现算法简单
    B. 解释程序适合于交互方式工作的程序语言
    C. 运行效率高是解释程序的另一优点
    D. 编译方式适合于大型应用程序的翻译

44. 高级程序设计语言中的_____成分用来描述程序中对数据的处理。
    A. 数据　　　　　　B. 运算　　　　　　C. 控制　　　　　　D. 传输

45. 在各类程序设计语言中，相比较而言，_____程序的执行效率最高。
    A. 机器语言　　　　　　　　　　B. 汇编语言
    C. 面向过程的语言　　　　　　　D. 面向对象的语言

46. 下列关于计算机软件说法中，正确的是_____。
    A. 用软件语言编写的程序都可直接在计算机上执行
    B. "软件危机"的出现是因为计算机硬件发展严重滞后
    C. 利用"软件工程"的理念与方法，可以编制高效高质的软件
    D. 操作系统是 20 世纪 80 年代产生的

47. 以下关于计算机软件的叙述中，错误的是_____。
    A. 数学是计算机软件的理论基础之一
    B. 数据结构研究程序设计中操作对象以及它们之间的关系和运算
    C. 任何程序设计语言的语言处理系统都是相同的
    D. 操作系统是计算机必不可少的系统软件

48. 下列关于计算机机器语言的叙述中，错误的是_____。
    A. 机器语言是指二进制编码表示的指令集合

B. 用机器语言编写的程序可以在各种不同类型的计算机上直接执行

C. 用机器语言编制的程序难以维护和修改

D. 用机器语言编制的程序难以理解和记忆

49. 下列关于机器语言与高级语言的说法中，正确的是_____。

   A. 机器语言程序比高级语言程序执行得慢

   B. 机器语言程序比高级语言程序可移植性强

   C. 机器语言程序比高级语言程序可移植性差

   D. 有了高级语言，机器语言就无存在的必要

50. 高级程序设计语言的基本组成成分有：_____。

   A. 数据、运算、控制、传输　　　　　　B. 外部、内部、转移、返回

   C. 子程序、函数、执行、注解　　　　　D. 基本、派生、定义、执行

51. 当多个程序共享内存资源而内存不够用时，操作系统的存储管理程序将把内存与_____结合起来，提供一个容量比实际内存大得多的"虚拟存储器"。

   A. 高速缓冲存储器　　　　　　　　　　B. 光盘存储器

   C. 硬盘存储器　　　　　　　　　　　　D. 离线后备存储器

52. 适合安装在服务器上使用的操作系统是_____。

   A. Windows ME　　　　　　　　　　　B. Windows NT Server

   C. Windows 98 SE　　　　　　　　　　D. Windows 3.2

53. 使用一种文件共享的应用软件，在此软件控制下，文档能在公司和机构的指定用户范围内自动进行流转和处理，该应用软件称为_____。

   A. 软组件　　　　　B. 工作流软件　　　　C. 共享软件　　　　D. Word 2000

54. 为了防止存有重要数据的软盘被病毒侵染，应该_____。

   A. 将软盘存放在干燥、无菌的地方　　　B. 将该软盘与其他磁盘隔离存放

   C. 将软盘定期格式化　　　　　　　　　D. 将软盘写保护

55. 分析算法的好坏不必考虑_____。

   A. 正确性　　　　　　　　　　　　　　B. 易理解

   C. 需要占用的计算机资源　　　　　　　D. 编程人员的爱好

56. 分析某个算法的优劣时，从需要占用的计算机资源角度，应考虑的两个方面是_____。

   A. 空间代价和时间代价　　　　　　　　B. 正确性和简明性

   C. 可读性和开放性　　　　　　　　　　D. 数据复杂性和程序复杂性

57. 关于 Windows 操作系统的特点，以下说法错误的是_____。

   A. Windows 操作系统均是 64 位操作系统

   B. Windows 在设备管理方面可支持"即插即用"

   C. Windows XP 支持的内存容量可超过 1GB

   D. Windows 2000 分成工作站版本和服务器版本

58. 对 C 语言中语句"while(P)S;"的含义，下述解释正确的是_____。

   A. 先执行语句 S，然后根据 P 的值决定是否再执行语句 S

   B. 若条件 P 的值为真，则执行语句 S，如此反复，直到 P 的值为假

   C. 语句 S 至少会被执行一次

D. 语句 S 不会被执行两次以上

59. _____不是程序设计语言。

    A. FORTRAN   B. C++   C. JAVA   D. Flash

60. 关于 Windows 操作系统的特点，以下说法错误的是_____。

    A. 各种版本的 Windows 操作系统均属于多用户分时操作系统

    B. WindowsXP 在设备管理方面可支持"即插即用"

    C. Windows XP 支持的内存容量可超过 1GB

    D. Windows 2000 分成工作站版本和服务器版本

61. 关于操作系统设备管理的叙述中，错误的是_____。

    A. 设备管理能隐蔽具体设备的复杂物理特性而方便应用程序使用

    B. 设备管理利用各种技术提高 CPU 与设备、设备与设备之间的并行工作能力

    C. 每个设备都有自己的驱动程序，它屏蔽了设备 I/O 操作的细节

    D. 操作系统负责尽量提供各种不同的 I/O 硬件接口

62. 未获得版权所有者许可就复制使用的软件被称为_____软件。

    A. 共享   B. 盗版   C. 自由   D. 授权

63. 以下关于数据库管理系统(DBMS)的描述中，错误的是_____。

    A. DBMS 是一种应用软件

    B. DBMS 通常在操作系统支持下工作

    C. DBMS 是数据库系统的核心软件

    D. Visual FoxPro 和 SQL Server 都是关系型 DBMS

64. 在 Windows 平台上运行的两个应用程序之间交换数据时，最方便使用的工具是_____。

    A. 邮箱   B. 读/写文件   C. 滚动条   D. 剪贴板

65. 从应用的角度看软件可分为两类：一是管理系统资源、提供常用基本操作的软件称为_____，二是为用户完成某项特定任务的软件称为应用软件。

    A. 系统软件   B. 通用软件   C. 定制软件   D. 普通软件

66. 下列不属于计算机软件技术的是_____。

    A. 数据库技术   B. 系统软件技术   C. 程序设计技术   D. 单片机接口技术

67. 如果你购买了一个软件，通常就意味着得到了它的_____。

    A. 修改权   B. 复制权   C. 使用权   D. 版权

68. 下列操作系统产品中，_____是一种"共享软件"，其源代码向世人公开。

    A. DOS   B. Windows   C. UNIX   D. Linux

69. 下列程序设计语言中不能用于数值计算的是_____。

    A. FORTRAN   B. C   C. HTML   D. MATLAB

70. 以下所列全都属于系统软件的是_____。

    A. Windows 2000、编译系统、Linux

    B. Excel、操作系统、软件开发工具

    C. 财务管理软件、编译系统、操作系统

    D. Windows 98、FTP、Office 2000

71. 在客户机/服务器(C/S)结构中，安装在服务器上作为网络操作系统的，一般不选用

_____。
   A. UNIX   B. Windows Me
   C. Windows NT   D. Linux

72. 以下关于高级程序设计语言中的数据成分的说法中，正确的是_____。
   A. 数据命名可说明数据需占用存储单元的多少和存放结构
   B. 数组是一组类型相同数据的有序集合
   C. 指针变量中存放的是某个数据对象的值
   D. 用户不可以自己定义新的数据类型

73. 高级程序设计语言种类繁多，但其基本成分可归纳为四种，其中对处理对象的类型说明
   属于高级语言中的 _____成分。
   A. 数据   B. 运算   C. 控制   D. 传输

74. 在语言处理程序中，按照不同的翻译处理对象和方法，可把翻译程序分为几类，而
   _____不属于翻译程序。
   A. 汇编程序   B. 解释程序   C. 编译程序   D. 编辑程序

75. 计算机完成最基本操作任务的软件和协助用户完成某项特定任务的软件分别是
   _____。
   A. 系统软件和系统软件   B. 系统软件和应用软件
   C. 应用软件和系统软件   D. 应用软件和应用软件

76. 下列软件属于系统软件的是_____。①金山毒霸，②SQL Server，③FrontPage，
   ④CorelDraw，⑤编译器，⑥Linux，⑦银行会计软件，⑧Oracle，⑨Sybase，⑩民航售
   票软件
   A. ①③④⑦⑩   B. ②⑤⑥⑧⑨   C. ①③⑧⑨   D. ①③⑥⑨⑩

77. 选项_____中所列软件都属于操作系统。
   A. Flash 和 Linux   B. UNIX 和 FoxPro
   C. Word 和 OS/2   D. Windows XP 和 Unix

78. 理论上已经证明，有了_____三种控制结构，就可以编写任何复杂的计算机程序。
   A. 转子(程序)，返回，处理   B. 输入，输出，处理
   C. 顺序，选择，重复   D. I/O，转移，循环

79. 一个字符的标准 ASCII 码由_____位二进制数组成。
   A. 7   B. 1   C. 8   D. 16

80. PC 机上运行的 Windows98 操作系统属于_____。
   A. 单用户单任务系统   B. 单用户多任务系统
   C. 多用户多任务系统   D. 实时系统

81. CPU 唯一能够执行的程序是用_____语言编写的。
   A. 命令语言   B. 机器语言   C. 汇编语言   D. 高级语言

82. ①Windows Me，②Windows XP，③Windows NT，④FrontPage，⑤Access 97，⑥UNIX，
   ⑦Linux 对于以上列出的 7 个软件，_____均为操作系统软件。
   A. ①②③④   B. ①②③⑤⑦   C. ①③⑤⑥   D. ①②③⑥⑦

83. 下面的程序设计语言中，主要用于科学计算的是_____。

A. FORTRAN　　　B. PASCAL　　　　C. JAVA　　　　　　D. C++

84. 下列说法中错误的是_____。

A. 操作系统出现在高级语言及其编译系统之前

B. 为解决软件危机，人们提出了结构程序设计方法和用工程方法开发软件的思想

C. 数据库软件技术、软件工具环境技术都属于计算机软件技术

D. 设计和编制程序的工作方式是由个体发展到合作方式，再到现在的工程方式

85. 下列叙述中，错误的是_____。

A. 程序就是算法，算法就是程序

B. 程序是用某种计算机语言编写的语句的集合

C. 软件的主体是程序

D. 只要软件的运行环境不变，它们的功能和性能不会发生变化

86. E-mail 用户名必须遵循一定的规则，以下规则中正确的是_____。

A. 用户名中允许出现中文　　　　　B. 用户名只能由英文字母组成

C. 用户名首字符必须为英文字母　　D. 用户名不能有空格

87. 在 C 语言中，"if … else …"属于高级语言中的_____成分。

A. 数据　　　　B. 运算　　　　　C. 控制　　　　D. 传输

88. Excel 属于_____软件。

A. 电子表格　　B. 文字处理　　　C. 图形图像　　D. 网络通信

89. 为了支持多任务处理，操作系统的处理器调度程序使用_____技术把 CPU 分配给各个任务，使多个任务宏观上可以"同时"执行。

A. 分时　　　　B. 并发　　　　　C. 批处理　　　D. 授权

90. 下列应用软件中_____属于网络通信软件。

A. Word　　　　　　　　　　　　B. Excel

C. Outlook Express　　　　　　　D. FrontPage

91. CPU 执行指令需要从存储器读取数据时，数据搜索的顺序是_____。

A. Cache、DRAM 和硬盘　　　　　B. DRAM、Cache 和硬盘

C. 硬盘、DRAM 和 Cache　　　　　D. DRAM、硬盘和 Cache

92. 在同一 Windows 平台上的两个应用程序之间交换数据时，最方便使用的工具是_____。

A. 邮箱　　　　B. 读/写文件　　　C. 滚动条　　　D. 剪贴板

93. 针对具体应用需求而开发的软件属于_____。

A. 系统软件　　B. 应用软件　　　C. 财务软件　　D. 文字处理软件

94. 计算机的功能是由 CPU 一条一条地执行_____来完成的。

A. 用户命令　　B. 机器指令　　　C. 汇编指令　　D. BIOS 程序

95. 一台计算机中采用多个 CPU 的技术称为"并行处理"，采用并行处理的目的是_____。

A. 提高处理速度　　　　　　　　B. 扩大存储容量

C. 降低每个 CPU 成本　　　　　D. 降低每个 CPU 性能

96. 相比较而言，下列存储设备最不便于携带使用的是_____。

A. ATA 接口硬盘　　　　　　　　B. 软盘

C. 优盘　　　　　　　　　　　　D. USB 接口硬盘

97. 著名的计算机科学家尼·沃思提出了_____。
    A. 数据结构 + 算法 = 程序　　B. 存储控制结构
    C. 信息熵　　　　　　　　　　D. 控制论

98. 虚拟存储系统能够为用户程序提供一个容量很大的虚拟地址空间，但其大小有一定的范围，它受到_____的限制。
    A. 内存容量大小　　　　　　　B. 外存空间及 CPU 地址表示范围
    C. 交换信息量大小　　　　　　D. CPU 时钟频率

99. 下列关于指令、指令系统和程序的叙述中错误的是_____。
    A. 指令是可被 CPU 直接执行的操作命令
    B. 指令系统是 CPU 能直接执行的所有指令的集合
    C. 可执行程序是为解决某个问题而编制的一个指令序列
    D. 可执行程序与指令系统没有关系

100. _____不属于我们常用的打印机。
    A. 压电喷墨打印机　　　　　　B. 激光打印机
    C. 热喷墨打印机　　　　　　　D. 热升华打印机

101. 中文 Word 是一个功能非常丰富的文字处理软件，下面的叙述中错误的是_____。
    A. 在文本编辑过程中，它能做到"所见即所得"
    B. 在文本编辑过程中，它不具有"回退"(Undo)功能
    C. 它可以编辑制作超文本
    D. 它不但能进行编辑操作，而且能自动生成文本的"摘要"

102. 下面关于虚拟存储器的说明中，正确的是_____。
    A. 是提高计算机运算速度的设备
    B. 由 RAM 加上高速缓存组成
    C. 其容量等于主存加上 Cache 的存储器
    D. 由物理内存和硬盘上的虚拟内存组成

二、填空题

1. 某公司局域网结构如图所示，多个交换式集线器按性能高低组成了一个千兆位以太网，为获得较好的性能，部门服务器应当连接在_____交换机上。

2. 在 Photoshop、Word、WPS 和 PDF Writer 四款软件中，不属于字处理软件的是_____。

3. C++语言运行性能高，且与 C 语言兼容，已成为当前主流的面向_____的程序设计语言之一。

4. 若问题的规模为(m, n)，其算法主运算的空间代价表示为：$g(m, n) = 3mn + 2m + 4n$，则该算法的空间复杂性表示为 $O(\underline{\quad\quad})$。

5. 十进制算式 $2 \times 64 + 2 \times 8 + 2 \times 2$ 的运算结果用二进制数表示为_____。

6. 指令是一种使用_____表示的命令，它规定了计算机执行什么操作以及操作对象所在的位置。

7. CD-ROM 盘记录数据的原理是利用在盘上压制凹坑的机械办法，其中凹坑和非凹坑的平坦部分表示"0"，_____部位表示"1"。

8. 若求解某个问题的程序要反复多次执行，则在设计求解算法时，应重点从_____代价上考虑。
9. 通常在开发新型号微处理器产品的时候，采用逐步扩充指令系统的做法，目的是使新老处理器保持_____。
10. JAVA 语言是一种面向_____的，适用于网络环境的程序设计语言。
11. 算法和_____的设计是程序设计的主要内容。
12. 算法是对问题求解过程的一种描述，"算法中描述的操作都是可以通过已经实现的基本操作在限定的时间内执行有限次来实现的"，这句话所描述的性质被称为算法的_____。
13. 计算机软件指的是在计算机中运行的各种程序和相关的数据及_____。
14. 分析一个算法的好坏，主要考虑算法的时间代价和_____代价。
15. 高级程序设计语言种类繁多，但其基本成分可归纳为数据成分、控制成分等四种，其中算术表达式属于_____成分。

三、判断题

1. 计算机软件包括软件开发和使用所涉及的资料。
2. 存储在磁盘中的 MP3 音乐都是计算机软件。
3. 在 Windows 操作系统中，磁盘碎片整理程序的主要作用是删除磁盘中无用的文件，增加磁盘可用空间。
4. 编写汇编语言程序比机器语言方便一些，但仍然不够直观简便。
5. 程序设计语言可分为机器语言、汇编语言和高级语言，其中高级语言比较接近自然语言，而且易学、易用、程序易修改。
6. 软件产品是交付给用户使用的一整套程序、相关的文档和必要的数据。
7. 支持多任务处理和图形用户界面是 Windows 的两个特点。
8. 软件产品的设计报告、维护手册和用户使用指南等不属于计算机软件的组成部分。
9. 一台计算机的机器语言就是这台计算机的指令系统。
10. Windows 系统中采用图标(icon)来形象地表示系统中的文件、程序和设备等对象。
11. C++语言是对 C 语言的扩充。
12. 计算机安装操作系统后，操作系统即驻留在内存储器中，加电启动计算机工作时，CPU就开始执行其中的程序。
13. 软件必须依附于一定的硬件和软件环境，否则它可能无法正常运行。
14. MATLAB 是一种能用于数值计算的高级程序设计语言。
15. MATLAB 是一种面向数值计算的高级程序设计语言。
16. "软件使用手册"不属于软件的范畴。
17. 在某一计算机上编写的机器语言程序，可以在任何其他计算机上正确运行。
18. 一个完整的算法必须有输出。
19. Windows 系统中，可以像删除子目录一样删除根目录。
20. 应用软件分为通用应用软件和定制应用软件，AutoCAD 软件属于定制应用软件。
21. 对于同一个问题可采用不同的算法去解决，但不同的算法通常具有相同的效率。

22. 能统一管理工程系统中的人力、物力的软件，按照软件分类原则，是系统软件。
23. 算法与程序不同，算法是问题求解规则的一种过程描述。
24. 计算机软件通常指的是用于指示计算机完成特定任务的，以电子格式存储的程序、数据和相关的文档。
25. 单向链接表中的最后一个元素的指针不一定为空指针。
26. BIOS、Windows 操作系统、C 语言编译器等都是系统软件。
27. 数据结构按逻辑关系的不同，可分为线性和非线性两大类，树形结构属于线性结构。
28. Linux 操作系统的源代码是公开的，它是一种"自由软件"。
29. 数据库管理系统是最接近计算机硬件的系统软件。
30. Linux 和 Word 都是文字处理软件。
31. Windows 系统中，不同文件夹中的文件不能同名。
32. 解释程序的执行过程是：对源程序的语句从头到尾逐句扫描，逐句翻译，并且翻译一句执行一句。
33. 实时操作系统的主要特点是允许多个用户同时联机使用计算机。
34. 计算机软件技术是指研制开发计算机软件的所有技术的总称。
35. 软件虽然不是物理产品而是一种逻辑产品，但通常必须使用物理载体进行存储和传输。
36. 软件是以二进位表示，且通常以电、磁、光等形式存储和传输的，因而很容易被复制。
37. 计算机具有强大的信息处理能力，但始终不能模拟或替代人的智能活动，当然更不可能完全脱离人的控制与参与。
38. 软件产品的设计报告、维护手册和用户使用指南等不属于计算机软件。
39. "软件使用手册"不属于软件的范畴。
40. 操作系统三个重要作用体现在：管理系统硬软件资源、为用户提供各种服务界面、为应用程序开发提供平台。
41. AutoCAD 是一种图像编辑软件。
42. MATLAB 是将编程、计算和数据可视化集成在一起的一种数学软件。
43. Office 软件是通用的软件，它可以不依赖操作系统而独立运行。
44. PC 机常用的操作系统有 Windows、UNIX、Linux 等。
45. Photoshop、ACDSee32 和 FrontPage 都是图像处理软件。
46. Windows 操作系统之所以能同时进行多个任务的处理，是因为 CPU 具有多个执行部件，可同时执行多条指令。
47. Windows 系列和 Office 系列软件都是目前流行的操作系统软件。
48. Windows 系统中的文件具有系统、隐藏、只读等属性，每个文件可以同时具有多个属性。
49. 第一代计算机主要用于科学计算和工程计算。它使用机器语言和汇编语言来编写程序。
50. 编译程序是一种把高级语言程序翻译成机器语言程序的翻译程序。
51. 汇编语言是面向机器指令系统的，因此汇编语言程序可以由计算机直接执行。
52. 操作系统是现代计算机系统必须配置的核心应用软件。
53. 操作系统通过各种管理程序提供了任务管理、存储管理、文件管理、设备管理等多种功能。
54. 操作系统一旦被安装到计算机系统内，它就永远驻留在计算机的内存中。

55. 程序设计语言按其级别可以分为硬件描述语言、汇编语言和高级语言三大类。

56. 程序是用某种计算机程序语言编写的指令、命令、语句的集合。

57. 程序语言中的条件选择结构可以直接描述重复的计算过程。

58. 评价一个算法的效率应从空间代价和时间代价两方面进行考虑。

59. 当计算机完成加载过程之后，操作系统即被装入到内存中运行。

60. 数据库管理系统、操作系统和应用软件中，最靠近计算机硬件的是操作系统。

61. 高级语言源程序通过编译处理可以产生高效运行的目标程序，并可保存在磁盘上，供多次执行。

62. 汇编语言程序的执行效率比机器语言高。

63. 通常情况下，同一个程序在解释方式下的运行效率要比在编译方式下的运行效率低。

64. 在 Windows 操作系统中，磁盘碎片整理程序的主要作用是删除磁盘中无用的文件，提高磁盘利用率。

65. 算法一定要用"伪代码"(一种介于自然语言和程序设计语言之间的文字和符号表达工具)来描述。

66. 在 BASIC 语言中，"A + B – C"语句属于高级程序设计语言中的数据成分。

67. 为了延长软件的生命周期，常常要进行软件版本升级，其主要目的是减少错误、扩充功能、适应不断变化的环境。

68. 由于目前计算机内存较大，分析一个算法的好坏，只需考虑其时间代分。

69. 在 BASIC 语言中，"If ...Else...End If"语句属于高级程序设计语言中的运算成分。

70. "导程序"的功能是把操作系统的一部分程序从内存写入磁盘。

71. 同一个程序在解释方式下的运行效率要比在编译方式下的运行效率低。

72. 完成从汇编语言到机器语言翻译过程的程序，称为编译程序。

73. 一个算法可以不满足能行性。

74. 一般将用高级语言编写的程序称为源程序，这种程序不能直接在计算机中运行，需要有相应的语言处理程序翻译成机器语言程序才能执行。

75. 为了方便人们记忆、阅读和编程，对机器指令用符号表示，相应形成的计算机语言称为汇编语言。

76. 源程序通过编译处理可以一次性地产生高效运行的目标程序，并把它保存在磁盘上，可供多次执行。

77. 自由软件不允许随意复制、修改其源代码，但允许自行销售。

78. 指令是控制计算机工作的二进位码，计算机的功能通过一连串指令的执行来实现。

3.3 习题参考答案

一、单选题

1. A　2. B　3. A　4. D　5. D　6. A　7. B　8. A　9. A
10. C　11. D　12. A　13. D　14. B　15. C　16. B　17. B　18. C
19. A　20. B　21. C　22. D　23. A　24. C　25. B　26. D　27. B

28. B	29. D	30. D	31. C	32. A	33. D	34. D	35. A	36. D
37. D	38. A	39. D	40. C	41. B	42. B	43. C	44. A	45. A
46. C	47. C	48. B	49. C	50. A	51. C	52. B	53. B	54. D
55. D	56. A	57. A	58. B	59. D	60. D	61. D	62. B	63. A
64. D	65. A	66. D	67. C	68. D	69. C	70. A	71. B	72. B
73. A	74. D	75. B	76. B	77. D	78. C	79. A	80. B	81. B
82. D	83. A	84. A	85. A	86. D	87. C	88. A	89. A	90. C
91. A	92. D	93. B	94. B	95. A	96. A	97. A	98. B	99. D
100. D	101. B	102. D						

二、填空题

1. 千兆　　2. Photoshop　　3. 对象　　4. *mn*　　5. 10010100
6. 二进制　　7. 凹坑的边缘　　8. 时间　　9. 兼容　　10. 对象
11. 数据结构　　12. 可终结性(有穷性)　　13. 文档　　14. 空间　　15. 运算

三、判断题

1. Y	2. N	3. N	4. Y	5. Y	6. Y	7. Y	8. N	9. Y
10. Y	11. Y	12. N	13. Y	14. Y	15. Y	16. N	17. N	18. Y
19. N	20. N	21. N	22. N	23. Y	24. Y	25. N	26. Y	27. N
28. Y	29. N	30. N	31. N	32. Y	33. N	34. Y	35. N	36. Y
37. Y	38. N	39. N	40. Y	41. N	42. Y	43. N	44. Y	45. N
46. N	47. N	48. Y	49. Y	50. Y	51. N	52. N	53. Y	54. N
55. Y	56. Y	57. N	58. N	59. N	60. N	61. N	62. N	63. Y
64. N	65. N	66. N	67. Y	68. N	69. N	70. N	71. Y	72. N
73. N	74. Y	75. Y	76. Y	77. N	78. Y			

知识模块四　计算机网络与因特网

4.1　案　例　分　析

【案例 4-1】交换式集线器与共享式集线器相比，其优点在于_____。

　　A. 提高管理能力　　　　　　　　B. 降低成本

　　C. 增加网络的带宽　　　　　　　D. 增加传输的距离

　　❖　案例分析

集线器(HUB)是一种用于组建局域网的网络设备，它的主要功能是对接收到的信号进行再生整形放大，以扩大网络的传输距离，如图 4-1 所示。

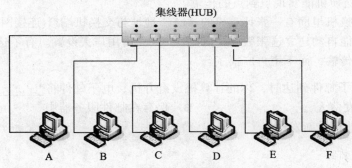

图 4-1　集线器构成的局域网

　　早期的集线器都是共享式(或称广播式)，即集线器接收到任意一台计算机发出的信息后，经过整形放大，然后向所有计算机发送，但只有目的计算机会真正接收下来，对于其余计算机而言，则是简单地将这个信息丢弃。

　　由于使用了共享方式，同一时间只能有一台计算机发送信息，其余计算机只能等待(尽管这个等待时间极其短暂)。

　　举个例子：一个由共享式集线器连接 6 台计算机构成的 100Mbps 带宽的局域网，如果每次只有一对计算机发送/接收信息，那么其发送/接收速度将是 100Mbps。但如果 6 台计算机都在发送/接收数据，则实际的网速只有 100/6Mbps，也就是只有原来的 1/6 了。

　　随着的技术的发展，交换式集线器(即交换机)取代了共享式集线器。交换机能自动地将信息直接发往目的计算机而不是"广而告之"，它实现了"点到点"的信息传输。这样一来，某台计算机在发送/接收信息时，其余计算机用不着避让、等待，你发你的，我发我的，井水不犯河水，所以通信效率大大提高。

　　仍以上述例子为例，即使 6 台计算机都在发送/接收数据，传输速度丝毫不会降低，即：每台计算机都可按 100Mbps 的速度传输。

◇　答案与结论

通过了解上述案例分析，可以得出结论，本题答案为 C。

◇　知识延伸

(1) 共享式集线器以广播方式发送数据，但为什么只有目的计算机才会接收下来？

答：因为计算机发送的每一帧数据中，都包含有目的计算机的 MAC 地址，目的计算机收到每一帧数据后，都会将其中的目的 MAC 地址跟自己网卡的 MAC 地址比较，如果发现相同，就表明该帧数据是发给自己的。以太帧的格式如图 4-2 所示。

目的MAC地址	源MAC地址	类型	数据		FCS

图 4-2　以太帧格式

(2) 发送者如何知道接收者的网卡物理地址？

答：很简单，发送者将接收者的 IP 地址广播出去，局域网中所有计算机都会收到这个广播，其中的一台计算机收到后，发现该 IP 与自己的 IP 相同，于是就把自己 MAC 地址"告诉"给发送者。这就是所谓的 ARP 地址解析。

(3) 为什么交换机能实现点到点的传输？

答：因为交换机里面有一张计算机的 MAC 地址与交换机端口(连接网线的"插座")的对照表，交换机能自动建立这张表(称为自学习)，无需用户去设置。有了这张表，交换机就能实现点到点的传输，而不用再广播了。

【案例 4-2】若电子邮件到达时，你的计算机没有开机，电子邮件将_____。

　　A．退回给发信人　　　　　　　　B．保存在邮件服务器中
　　C．过一会儿再重新发送　　　　　D．丢失

◇　案例分析

先来通过一个例子来看一下电子邮件的工作过程，如图 4-3 所示。

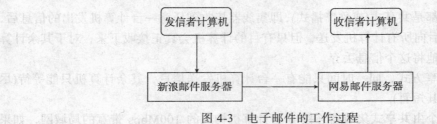

图 4-3　电子邮件的工作过程

要发送或接收电子邮件，首先要申请注册一个属于自己的电子邮箱，通常国内各大门户网站(如雅虎、新浪、网易等)都提供注册免费电子邮箱的服务。申请成功后，会得到一个类似 xxx@xxx.xxx 的邮箱地址(也称为 E-mail 地址)，如 anhui153@sina.com.cn、bhcn@tom.com……E-mail 地址是全世界唯一的。

其中，anhui153、bhcn 为用户名，sina.com.cn、tom.com 为邮件服务器名。

有了电子邮箱后，就可以互发电子邮件了。

邮件首先会被发送到自己邮箱所在的邮件服务器，排队等候，然后一切都交给邮件服务器来处理了。邮件服务器会自动将这封信件发送到接收者的电子邮箱中，然后静静地躺在那

里，等候接收者来取。

◇　答案与结论

通过了解上述案例分析，可以得出结论，本题答案为 B。

◇　知识延伸

(1) 发信者能否不通过自己的邮件服务器直接将邮件发到对方邮箱里？

答：可以，但目前网上只有少部分邮件服务器允许发送者不通过发信者的邮件服务器直接将邮件发送到对方的邮件服务器，其余大部分都不可以，这样做主要是为了防止产生大量的匿名邮件或垃圾邮件。因为直接发送时，如果发送者不署名的话，则接收者根本不知道这邮件是从哪里发出来的。

(2) 可以在网上申请多个电子邮箱吗？

答：完全可以。可以在一个邮件服务器上申请多个邮箱，也可以在多个邮件服务器上申请多个邮箱。

【案例 4-3】因特网上实现异构网络互连的通信协议是＿＿＿＿＿＿＿。
A. ATM　　　　B. Novell　　　　C. TCP/IP　　　　D. X. 25

◇　案例分析

1) 异构网络的概念

首先要明白一个事实：因特网不是一种新的网络，而是由早已分布在世界各地的大大小小的局域网互联而成的，这些局域网由于建立的年代不同，软硬件的生产商不同，所采用的硬件技术、通信协议、操作系统等都可能是不同的，即所谓的"异构网络"。如：有的局域网采用以太网技术，有的采用 ATM 技术，有的采用 FDDI 技术……就算硬件技术相同，所采用的软件(主要是通信协议与计算机操作系统)也可能不同。

2) 异构网络的互联、通信

要将世界各地大大小小的异构网络互联起来并实现通信，并不是一件容易的事，就如同要让世界各个国家、使用不同语言文字的各个民族的人相互交流，何其困难！

但是这一困难随着 TCP/IP 网络协议的出现迎刃而解了。TCP/IP 网络协议相当于一种"世界语"，只要这些异构网络都遵守这一"语法规则"，它们之间就可以毫无障碍地实现通信与交流。

◇　答案与结论

通过了解上述案例分析，可以得出结论，本题答案为 C。

◇　知识延伸

(1) 案例 4-3 中，A、B、D 三个选项分别表示什么意思？

答：选项 A 中，ATM 是一种局域网技术，就像 Ethernet(以太网)一样也是一种局域网技术。

选项 B 中，Novell 是一家网络公司的名字(美国)，曾经以 NETWARE(一种网络操作系统)而闻名。

选项 D 中，X. 25 是一种分组交换协议，用于广域网互联，但与帧中继一样，是一种已经被淘汰的技术。

(2) 异构网络互联，除了共同使用 TCP/IP 协议之外，还需要什么？

答：还需要一个关键的硬件设备——网关，在互联网上就是指路由器，如图 4-4 所示。实际上，即使是同构网络互连，也是需要路由器的，因为不同的子网之间，既要互连又要有一定的独立性，以实现某种程度的隔离(如隔离广播风暴)，如同国家之间相互来往必须通过各国的海关，而不可随意来往，偷渡是要坐牢的。

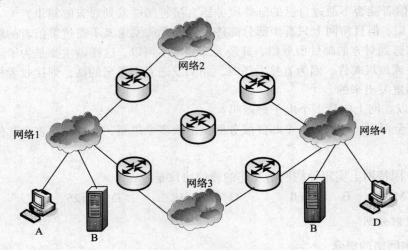

图 4-4　网络互联

【案例 4-4】判断：一个完整的 URL 包括网络信息资源类型/协议、服务器地址、端口号、路径和文件名。

◇　案例分析

1) URL 的概念

URL 是统一资源定位符(Uniform Resource Locator)的简称，也被称为网址。有了这个网址，我们就可顺利地寻找到网络上的各种资源，获取网络上的各种信息。

2) URL 的格式

URL 必须遵循如下格式：

协议名://主机名[:端口号][路径名/…/文件名]

其中，

协议名：部分用来定义所要查找资源的类型。常见的协议名是 http，它告诉浏览器去找 Internet 中的某个 WWW 页面。

服务器地址：指出 WWW 网页所在的服务器域名。

端口号：是一个介于 0～65535 之间的整数，表示服务器上与客户端交互的那个服务端程序。

路径：用于指明服务器上某资源的位置，其格式与 Windows 操作系统中一样，通常有目录/子目录/文件名这样的结构组成。

文件名：客户端所请求传送的网络资源。对于 http 协议而言，这个文件就是网页文件(文件扩展名为 htm 或 html)。

◇ 答案与结论

通过了解上述案例分析，可以得出结论，本题答案为：正确。

◇ 知识延伸

(1) URL 中的协议除了 http 还有哪些？

答：还有下面几个协议

ftp——文件传输协议。用于在网络上进行文件传输(上传或下载)。

telnet——远程登录协议。将自己的计算机连接到远程计算机，你的计算机就仿佛是远程计算机的一个终端，你就可以用自己的计算机直接操纵远程计算机。

file——本地文件传输协议。用于访问本地计算机中的文件，就如同在 Windows 资源管理器中打开文件一样。

news——nntp 协议，提供网络新闻讨论组服务。

实际上，除了 http 与 ftp，其他几个现在已很少使用了。

(2) 端口号有什么作用，为什么平时我们很少使用端口号？

答：使用端口号的原因是，当服务器收到客户的网页(或其他资源)请求时，因为服务器上可能同时运行着多个网络程序，需要确定究竟由服务器上的哪个程序来处理这个请求，这个端口号其实就是服务器上的运行着的网络程序的 "代号"，不同的程序有不同的代号，不允许重复。

例如：存放网页的服务器上的 WWW 服务端程序，默认的端口号为 80；而 ftp 服务器的端口号为 21。

(3) 为什么平时我们在上网输入网址时，并没有输入端口号，但也照样能上网？

答：原因是如果使用 http 协议，且 URL 中缺省端口号，那么默认使用 80 作为端口号；如果使用 ftp 协议，且 URL 中缺省端口号，那么默认使用 21 作为端口号。

由于大多数情况下，Web 服务器都是使用 80 作为端口号，ftp 服务器使用 21 作为端口号，所以客户端在输入网址时，可以省略此端口号。

例如：浏览器中输入网址 http://www.baidu.com:80 与 http://www.baidu.com 效果是一样的。

(4) URL 中最后一项是 "文件名"，但为什么平时上网时很少输入这个文件名？

答：确实，平时上网，如访问百度首页时，只要输入 http://www.baidu.com 即可，最后并没有输入任何文件名。

实际上，我们省略了文件名 index.htm。这种省略是允许的，只要文件名是如下几个之一：

index.htm、index.html、default.htm、default.html、index.asp、index.aspx、default.asp、default.aspxp

就可以省略不写。

试一试：在浏览器中输入 http://www.baidu.com/index.htm 看看结果是不是跟输入 http://www.baidu.com 一模一样？

【案例 4-5】判断：网桥既可以连接同类型的局域网，又可以连接不同类型的局域网。

◇ 案例分析

在局域网交换机出现之间，一般都是使用共享式集线器来组建局域网，而共享式集线器的特点是：采用广播方式；同一时间只能有一台计算机发送或接收数据，否则就会产生冲突。

因此，当连接到共享式集线器上的计算机太多、通信繁忙的话，通信效率会大大降低(见案例 1-1)。

所以为避免这种情况，常常通过网桥来将一个较大的局域网分隔成几个相对独立的局域网，如图 4-5 所示。

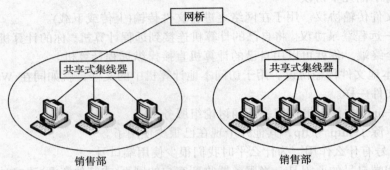

图 4-5　用网桥连接两个同构网络

网桥的特点如下：

① 只能连接两个同构(同类型)网络。以图 4-5 为例，网桥连接的两端不能一个是以太网(销售部)，而另一个是 ATM 网络(财务部)。

② 隔离冲突域。以共享式集线器连起来的局域网，其中的所有计算机都处于同一个"冲突域"，即：同一时间不能有超过一台以上的计算机发送或接收数据。然而使用网桥就可以隔离这种冲突。例如：图 4-5 中，销售部与财务部通过网关连接后，就分属于两个不同的冲突域，销售部的某一台计算机在向(从)本部门的计算机发送(接收)数据的同时，财务部的任一计算机照样可以向(从)本部门的计算机发送(接收)数据，无需避让。

◇　答案与结论

通过了解上述案例分析，可以得出结论，本题答案为：错误。

◇　知识延伸

(1) 为什么网桥能隔离冲突域？

答：共享式集线器的特点是收到信号后不进行任何检查，直接"广播"到其他所有端口；而网桥在收到广播后能读取每一帧数据中的目的 MAC 地址，从而决定是否要将信息转发到另一个部门。所以网桥既能隔离冲突又能实现网桥两边的计算机之间的通信。

(2) 网桥与局域网交换机有什么区别？

答：实际上，案例 1-1 中所提到的交换式集线器(即交换机)其实就一种网桥——多端口网桥。传统的网桥(只有两个端口)如今早已被交换机所取代。

【案例 4-6】通常把 IP 地址分为 A、B、C、D、E 五类，IP 地址 130.24.35.2 属于_____类。

◇　案例分析

所谓 IP 地址就是给每个连接在 Internet 上的主机分配的一个 32bit 地址。按照 TCP/IP

协议规定，IP 地址用二进制来表示，每个 IP 地址长 32bit，比特换算成字节，就是 4 个字节。为了方便人们的使用，字节之间用符号"."分开，并且每个字节被写成十进制的形式，如：19. 168. 2. 3。

每个 IP 地址包括两个标识码(ID)，即网络 ID 和主机 ID，如图 4-6 所示。

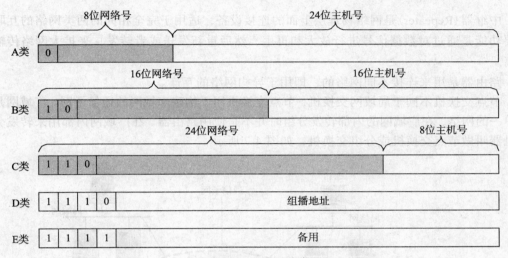

图 4-6 IP 地址分类

如果第一个字节表示网络 ID，后三个字节表示主机 ID，且网络 ID 以 0 开头，则这样的 IP 地址称为 A 类地址。

如果第一、二个字节表示网络 ID，后两个字节表示主机 ID，且网络 ID 以 10 开头，则这样的 IP 地址称为 B 类地址。

如果前三个字节表示网络 ID，最后一个字节表示主机 ID，且网络 ID 以 110 开头，则这样的 IP 地址称为 C 类地址。

◇ 答案与结论

根据上述规定，本题中 IP 地址的第一个字节为 130，转换为二进制是 10000010，最左边两位是 10，所以这是一个 B 类地址。本题答案为 B。

【案例 4-7】IEEE802.3 标准使用一种简易的命名方法，代表各种类型的以太网。以 100 Base-T 为例，100 表示数据传输速率为_____Mbps。

◇ 案例分析

以太网有以下三类：

(1) 标准以太网(10BASE-T)：速率为 10Mbps。

(2) 快速以太网(100BASE-T)：速率为 100Mbps。

(3) 千兆以太网：速率为 1~10Gbps，采用光缆或双绞线作为网络媒体。

其中，10 与 100 表示速率，BASE 表示基带传输，T 表示双绞线。

◇ 答案与结论

根据上述分析，本题答案为：100。

【案例4-8】在计算机网络中，通信子网负责数据通信，它由_____组成。

A．通信媒介和中继器　　　B．传输介质和路由器

C．通信链路和路由器　　　D．通信链路和节点交换机

❖　案例分析

中继器(Repeater)是网络物理层上面的连接设备，适用于完全相同的两类网络的互联，主要功能是通过对数据信号进行放大和再生，然后重新发送或者转发，来扩大网络传输的距离。

路由器是用来连接不同网络的，即用于异构网络的互连。

节点交换机不同于局域网交换机，节点交换机用于构建广域网的通信子网。广域网是一个单一的网络，在广域网的内部转发分组时并不是使用路由器，在广域网内部用来转发分组的机器叫做节点交换机或分组交换机，如图4-7所示。

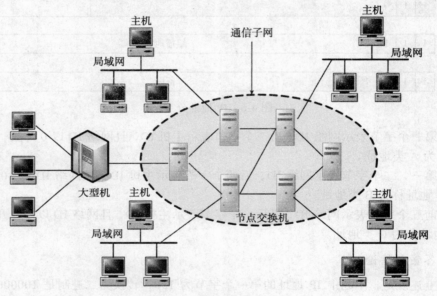

图4-7　广域网的通信子网

节点交换机在功能上有很多方面和路由器是相似的，例如，在节点交换机内都有路由表和转发表。此外，节点交换机中的路由表和转发表构成的原理和方法(如在路由表中给出下一跳地址，用寻找最短路径的方法构造路由表等)也同样适用于路由器。

❖　答案与结论

根据上述分析，本题答案为：通信链路和节点交换机。

【案例4-9】分组交换也称为包交换，这种交换方式有许多优点，下面说法中错误的是_____。

A．线路利用率高

B．可以给数据包建立优先级，使得一些重要的数据包能优先传递

C．收发双方不需要同时工作

D．反应较快，适合用于实时或交互通方式的应用

◇　案例分析

分组交换也称包交换，它是将用户传送的数据划分成多个更小的等长部分，每个部分称为一个数据段。在每个数据段的前面加上一些必要的控制信息组成的首部，就构成了一个分组。首部用以指明该分组发往何地址，然后由交换机根据每个分组的地址标志，将它们转发至目的地，这一过程称为分组交换。注意：不同的分组可能走不同的路径，如图4-8所示。使用分组交换的通信网称为分组交换网。

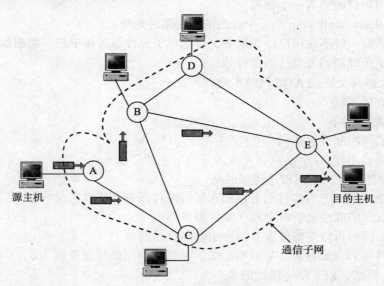

图 4-8　分组交换网示意图

分组交换网的特点如下：

① 线路利用率高，信道仅在传送分组期间被占用。

② 由于采用存储/转发，收发双方不需要同时工作。

③ 可以给数据包建立优先级，使得一些重要的数据包能优先传递。

分组交换网的缺点：数据传输的即时性较差，存在明显的延迟，特别是通信繁忙、线路拥护时，延迟更加明显。所以分组交换不适用于实时及会话式通信。

一个典型的例子就是，当我们浏览网页时，如果网速较慢，则页面的显示有一个明显的延迟，这是因为因特网就是一种分组交换网。

◇　答案与结论

根据上述分析，本题答案为 D。

◇　知识延伸

什么是电路交换？与分组交换有何区别？

答：电路交换在通信之前要在通信双方之间建立一条被双方独占的物理通路(由通信双方之间的交换设备和链路逐段连接而成)。由于通信线路为通信双方用户专用，数据直达，所以传输数据的时延非常小，实时性强，电路交换既适用于传输模拟信号，也适用于传输数字信号。电话通信采用的就是电路交换。

4.2 习　　题

一、单选题

1. 关于电子邮件 E-mail，下列叙述错误的是_____。
    A. 每个用户只能拥有一个邮箱
    B. mymail@hotmail.com 是一个合法的电子邮件地址
    C. 电子邮箱一般不在用户计算机中，而是电子邮件服务器中的一块磁盘区域
    D. 每个电子邮箱拥有唯一的邮件地址。

2. 交换式以太网与交换式 ATM 网的本质差异在于_____。
    A. 传输介质不同
    B. 拓扑结构不同
    C. 介质访问控制方法不同
    D. 通信方式不同（一个是点到点方式，另一个是广播方式）

3. 关于电子邮件服务，下列叙述错误的是_____。
    A. 网络上必须有一台邮件服务器用来运行邮件服务器软件
    B. 用户发出的邮件会暂时存放在邮件服务器中
    C. 用户上网时可以向邮件服务器发出收邮件的请求
    D. 发邮件者和收邮件者如果同时在线，可以不使用邮件服务器

4. 关于 FDDI 网络，以下叙述错误的是_____。
    A. FDDI 可以覆盖较大的范围
    B. FDDI 采用双环结构，可靠性高
    C. FDDI 使用光纤作为传输介质，传输速率较高
    D. FDDI 的 MAC 地址和帧格式与以太网相同，便于信息互传

5. 分组交换网的路由表中，"下一站"是什么取决于_____。
    A. 包的源地址　　　　　　　　B. 包经过的路径
    C. 包的目的地址　　　　　　　D. 交换机所在位置 C

6. 电信部门提供的分组交换网中速度最慢的是_____。
    A. FR　　　　B. ATM　　　　C. X. 25　　　　D. SMDS

7. 电缆调制解调技术（Cable Modem），使用户利用家中的有线电视电缆一边看电视一边上网成为可能。这是因为它采用了_____复用技术。
    A. 时分多路　　　　　　　　　B. 频分多路
    C. 波分多路　　　　　　　　　D. 频分多路和时分多路

8. 关于计算机组网的目的，下列描述中错误的是_____。
    A. 进行数据通信　　　　　　　B. 提高计算机系统的可靠性和可用性
    C. 信息自由共享　　　　　　　D. 分布式信息处理

9. 关于因特网防火墙，下列叙述中错误的是_____。
    A. 为单位内部网络提供了安全边界
    B. 防止外界入侵单位内部网络

C. 可以阻止来自内部的威胁与攻击

D. 可以使用过滤技术在网络层对数据进行选择

10. 人们往往会用"我用的是 10M 宽带"来形容自己使用计算机网络的方式，这里的 10M 指的是数据通信中的_____指标。

    A. 信道容量   B. 数据传输速率

    C. 误码率   D. 端到端延迟

11. 广域网使用的分组交换机端口有两种，连接计算机的端口速度较_____，连接另一个交换机的端口速度较_____。

    A. 慢，快   B. 快，慢   C. 慢，慢   D. 快，快

12. 广域网通信中，_____不是包交换机的任务。

    A. 检查包的应用层语义   B. 检查包的目的地址

    C. 将包送到交换机端口进行发送   D. 从缓冲区中提取下一个包

13. 计算机局域网的基本拓扑结构有_____。

    A. 总线型，星型，主从型   B. 总线型，环型，星型

    C. 总线型，星型，对等型   D. 总线型，主从型，对等型

14. 将两个同类局域网互联，应使用的设备是_____。

    A. 网卡   B. 路由器   C. 网桥   D. 调制解调器

15. 将异构的计算机网络进行互连所使用的互连设备是_____。

    A. 网桥   B. 集线器   C. 路由器   D. 中继器

16. 交换式集线器与共享式集线器相比，其优点在于_____。

    A. 提高管理能力   B. 降低成本

    C. 增加网络的带宽   D. 增加传输的距离

17. 计算机网络最主要的作用是_____。

    A. 高速运算   B. 提高计算精度

    C. 传输文本、图像和声音文件   D. 实现资源共享

18. 用户通过电话拨号上网时必须使用 Modem，其主要功能是_____。

    A. 将数字信号与音频模拟信号进行转换

    B. 对数字信号进行压缩编码和解码

    C. 将模拟信号进行放大

    D. 对数字信号进行加密和解密

19. 下面说法中不正确的是_____。

    A. 调制是指将数字信号转化成模拟信号

    B. 解调是指将模拟信号转化成数字信号

    C. 电话交换机采用的是电路交换技术

    D. 分组交换是指为发送端和接收端建立一条实际的物理通道，提供通信双方使用，通信完毕后，通信链路被拆除

20. 微电子技术是以_____为核心的电子技术。

    A. 真空电子管   B. 无线电通信   C. 集成电路   D. 电子仪表

21. 所谓移动通信是处于移动状态的对象之间的通信，下列描述中错误的是_____。

    A. 手机是移动通信最具代表性的应用

B. 我国及欧洲正在广泛使用的 GSM 属于第三代移动通信系统

C. 集成电路及微处理器技术的快速发展，使得移动通信系统全面进入个人领域

D. 第二代移动通信系统可以借助 Internet 进行信息的传递

22. 无线电波分中波、短波、超短波和微波等，其中关于微波叙述正确的是_____。

A. 微波沿地面传播，绕射能力强，适用于广播和海上通信

B. 微波具有较强的电离层反射能力，适用于环球通信

C. 微波是具有极高频率的电磁波，波长很短，主要是直线传播，也可以从物体上得到反射

D. 微波通信可用于电话，但不宜传输电视图像

23. 下列不属于数据通信系统性能衡量指标的是_____。

A. 信道容量　　　　　　　　　　　B. 数据传输速率

C. 误码率　　　　　　　　　　　　D. 键盘键入速度

24. 下列关于有线载波通信的描述中错误的是_____。

A. 同轴电缆的信道容量比光纤通信高很多

B. 同轴电缆具有良好的传输特性及屏蔽特性

C. 传统有线通信系统使用的是电载波通信

D. 有线载波通信系统的信源和信宿之间有物理的线路连接

25. 下面关于目前最常用的无线通信信道的说法中，错误的是_____。

A. 无线电波可用于广播、电视和手机，也可以用于传输计算机数据

B. 利用微波可将信息集中向某个方向进行定向信息传输，以防止他人截取信号

C. 红外线通信一般局限于一个小区域，并要求发送器直接指向接收器

D. 激光能在长距离内保持聚焦并能穿透物体，因而可以传输很远距离

26. 下面关于卫星通信的叙述中错误的是_____。

A. 有两类通信卫星运行轨道。一类是中轨道或低轨道，另一类是同步定点轨道

B. 卫星通信技术比较复杂，但建设费用比较低，可以推广使用

C. 卫星通信具有通信距离远，频带宽，容量大，信号受到的干扰小，通信稳定等优点

D. 仅使用一颗通信卫星不能满足 24 小时全天候全球通信的要求

27. 下面哪种通信方式_____不属于微波远距离通信。

A. 卫星通信　　　　　　　　　　　B. 光纤通信

C. 对流层散射通信　　　　　　　　D. 地面接力通信

28. 现代通信是指使用电波或光波传递信息的技术，故使用_____传输信息不属于现代通信范畴。

A. 电报　　　　　B. 电话　　　　　C. 传真　　　　　D. 磁带

29. 信息传输时不同信道之间信号的串扰对信道上传输的信号所产生的影响称为_____。

A. 衰减　　　　　B. 延迟　　　　　C. 噪声　　　　　D. 耗费

30. ATM 是一种高速分组交换技术，它采用的是_____方法。

A. 同步工作模式　　　　　　　　　B. 信元交换

C. 信息交换　　　　　　　　　　　D. 可变长分组交换

31. 从用户的角度看，网络上可以共享的资源有_____。

A. 打印机、数据、软件等　　　　　B. 鼠标器、内存、图像等

　　C. 传真机、数据、显示器、网卡　　　　D. 调制解调器、打印机、缓存

32. _____拓扑结构的局域网中，任何一个节点发生故障都不会导致整个网络崩溃。
　　A. 总线型　　　　　B. 星型　　　　　C. 树型　　　　　D. 环型

33. FDDI 网络的拓扑结构属于_____结构。
　　A. 星型网　　　　　B. 环型网　　　　　C. 树型网　　　　　D. 总线网

34. Internet 使用 TCP/IP 协议实现了全球范围的计算机网络的互连，连接在 Internet 上的每一台主机都有一个 IP 地址，下面不能作为 IP 地址的是_____。
　　A. 201.109.39.68　　　　　　　　B. 120.34.0.18
　　C. 21.18.33.48　　　　　　　　　D. 127.0.257.1

35. IP 地址是因特网中使用的重要标识信息，如果 IP 地址的主机号部分每一位均为 0，是指_____。
　　A. 因特网的主服务器　　　　　　B. 因特网某一子网的服务器地址
　　C. 该主机所在物理网络本身　　　D. 备用的主机地址

36. TCP/IP 分层结构中，_____层协议规定了端-端的数据传输规程。
　　A. 网络互连　　　　　B. 应用　　　　　C. 传输　　　　　D. 网络接口

37. Web 浏览器由许多程序模块组成，_____一般不包含在内。
　　A. 控制程序和用户界面　　　　　B. HTML 解释程序
　　C. 检索程序　　　　　　　　　　D. DBMS

38. WWW 浏览器和 Web 服务器都遵循_____协议，该协议定义了浏览器和服务器的请求格式及应答格式。
　　A. TCP　　　　　B. HTTP　　　　　C. UDP　　　　　D. FTP

39. WWW 网由遍布在因特网中的 Web 服务器和安装了_____的计算机组成。
　　A. WWW 浏览器　　B. 网页　　　　C. HTML 语言　　D. HTTP 协议

40. 包过滤器是能阻止 IP 包任意通过路由器的软件，关于包过滤器，下列叙述不正确的是_____。
　　A. 能检查包的源地址　　　　　　B. 能检查包的目的地地址
　　C. 能检查包的应用层协议　　　　D. 能检查它所包含的文件格式与内容

41. 包交换机使用的路由表中的"下一站"依赖于_____。
　　A. 包的源地址　　　　　　　　　B. 包经过的路径
　　C. 包的目的地址　　　　　　　　D. 交换机的位置

42. 采用定长短分组交换技术和光纤传输的广域网是_____网。
　　A. ISDN　　　　　B. FR　　　　　C. ATM　　　　　D. X.25

43. 移动通信是当今社会的重要通信手段，下列说法错误的是_____。
　　A. 第一代移动通信系统，是一种蜂窝式模拟移动通信系统
　　B. GPRS 提供分组交换传输方式的 GSM 新业务，是一种典型的第三代移动通信系统
　　C. 第二代移动通信系统采用数字传输、时分多址或码分多址作为主体技术
　　D. 第三代移动通信系统能提供全球漫游、高质量的多媒体业务和高容量、高保密性的优质服务

44. 在 TCP/IP 网络中，任何计算机必须有一个 IP 地址，而且_____。
　　A. 任意两台计算机的 IP 地址不允许重复

B. 任意两台计算机的 IP 地址允许重复

C. 不在同一城市的两台计算机的 IP 地址允许重复

D. 不在同一单位的两台计算机的 IP 地址允许重复

45. 以太网中的节点相互通信时，为了避免冲突，采用的方法是_____。

　　A. ATM　　　　　　B. CSMA/CD　　　C. TCP/IP　　　　D. X. 25B

46. 在网络协议中，中继器工作在网络的_____。

　　A. 传输层　　　　　B. 网络互联层　　　C. 网络接口层　　D. 物理层

47. 在使用域名访问因特网上的资源时，由网络中的一台服务器将域名翻译成 IP 地址，该服务器简称为_____。

　　A. DNS　　　　　　B. TCP　　　　　　C. IP　　　　　　D. BBS

48. 在计算机网络中，_____用于验证消息发送方的真实性。

　　A. 病毒防范　　　　B. 数据加密　　　　C. 数字签名　　　D. 访问控制

49. 在计算机网络的三个主要组成部分中，网络协议_____。

A. 负责注明本地计算机的网络配置

B. 负责协调本地计算机中网络硬件与软件

C. 规定网络中所有主机的网络硬件基本配置要求

D. 规定网络中所有传送的数据包所要遵守的格式及通信规程

50. 在广域网中，每台包交换机都必须有一张_____，用来给出目的地址和输出端口的关系。

　　A. 对照表　　　　　B. 目录表　　　　　C. FAT 表　　　D. 路由表

51. 在广域网中，计算机需要传送的信息预先都分成若干个组，然后以_____为单位在网上传送。

　　A. 比特　　　　　　B. 字节　　　　　　C. 比特率　　　　D. 分组

52. 在校园网中，若只有 150 个因特网 IP 地址可给计算中心使用，但计算中心有 500 台计算机要接入因特网，以下说法正确的是_____。

A. 最多只能允许 150 台接入因特网

B. 由于 IP 地址不足，导致 350 台计算机无法设置 IP 地址，无法联网

C. 安装代理服务器，动态分配 150 个 IP 地址给 500 台计算机，便可使 500 台计算机都能接入因特网

D. 计算机 IP 地址可任意设置，只要其中 150 台 IP 地址设置正确，便可保证 500 台计算机接入因特网

53. 在 TCP/IP 协议中，远程登录使用的是_____协议。

　　A. Telnet　　　　　B. FTP　　　　　　C. HTTP　　　　D. UDP

54. 在域名系统中，为了避免主机名重复，因特网的名字空间划分为许多域，下列指向教育站点的域名为_____。

　　A. GOV　　　　　　B. COM　　　　　　C. EDU　　　　D. NET

55. 在 TCP/IP 参考模型的应用层包括了所有的高层协议，其中用于实现网络主机域名到 IP 地址映射的是_____。

　　A. DNS　　　　　　B. SMTP　　　　　C. FTP　　　　D. Telnet

56. 在_____方面，光纤与其他常用传输介质相比目前还不具有优势。

A. 不受电磁干扰　　B. 价格　　　　　　C. 数据传输速率　D. 保密性

57. 因特网上实现异构网络互连的通信协议是_____。

  A. ATM　　　　　B. Novell　　　　C. TCP/IP　　　　D. X.25

58. 以下三种广域网技术：①X.25 网，②帧中继网，③ATM，理论上，工作速度从低到高排列顺序为_____。

  A. ①②③　　　　B. ②①③　　　　C. ③②①　　　　D. ③①②

59. 以下关于网卡的叙述中错误的是_____。

  A. 局域网中的每台计算机中都必须安装网卡

  B. 一台计算机中只能安装一块网卡

  C. 不同类型的局域网其网卡类型是不相同的

  D. 每一块以太网卡都有全球唯一的 MAC 地址

60. 以下关于局域网和广域网的叙述中，正确的是_____。

  A. 广域网只是比局域网覆盖的地域广，它们所采用的技术是相同的

  B. 家庭用户拨号入网，接入的大多是广域网

  C. 现阶段家庭用户的 PC 机只能通过电话线接入网络

  D. 单位或个人组建的网络，都是局域网，国家建设的网络才是广域网

61. 以太网中联网计算机之间传输数据时，它们是以_____为单位进行数据传输的。

  A. 文件　　　　　B. 信元　　　　　C. 记录　　　　　D. 帧

62. 在分组交换机路由表中，到达某一目的地的出口与_____有关。

  A. 包的源地址　　　　　　　　　B. 包的目的地址

  C. 包的源地址和目的地址　　　　D. 包的路径

63. 下图中安放防火墙比较有效的位置是_____。

  A. 1　　　　　　B. 2　　　　　　C. 3　　　　　　D. 4

64. 传输电视信号的有线电视系统，所采用的信道复用技术一般是_____多路复用。

  A. 时分　　　　　B. 频分　　　　　C. 码分　　　　　D. 波分

65. 采用总线型拓扑结构的局域网通常是_____。

  A. 令牌环网　　　B. FDDI　　　　　C. 以太网　　　　D. ATM

66. 以下通信方式中，_____都属于微波远距离通信。①卫星通信，②光纤通信，③地面微波接力通信

  A. ①②③　　　　B. ①③　　　　　C. ①②　　　　　D. ②③

67. 交换式以太网与总线式以太网在技术上有许多相同之处，下面叙述中错误的是_____。

  A. 使用的传输介质相同　　　　　B. 网络拓扑结构相同

  C. 传输的信息帧格式相同　　　　D. 使用的网卡相同

68. 目前我国家庭计算机用户接入互联网的下述几种方法中，速度最快的是_____。

  A. 光纤入户　　　B. ADSL　　　　　C. 电话 Modem　　D. X.25

69. 下列关于计算机网络的叙述中错误的是_____。

A. 建立计算机网络的主要目的是实现资源共享

B. Internet 也称互联网或因特网

C. 计算机网络在通讯协议的控制下进行计算机之间的通信

D. 只有相同类型的计算机互相连接起来，才能构成计算机网络

70. 构建以太网时，如果使用普通五类双绞线作为传输介质且传输距离仅为几十米时，则传输速率可以达到_____。

A. 1Mbps   B. 10Mbps   C. 100Mbps   D. 1000Mbps

71. 下面关于无线通信的叙述中，错误的是_____。

A. 无线电波、微波、红外线、激光等都可用于无线通信

B. 卫星是一种特殊的无线电波中继系统

C. 中波的传输距离可以很远，而且有很强的穿透力

D. 红外线通信通常只局限于较小的范围

72. 在采用拨号方式将计算机联入 Internet 网络时，_____不是必需的设备。

A. 电话线   B. Modem   C. 账号和口令   D. 电话机

73. 使用 ADSL 接入因特网时，_____。

A. 在上网的同时可以接听电话，两者互不影响

B. 在上网的同时不能接听电话

C. 在上网的同时可以接听电话，但数据传输暂时中止，挂机后恢复

D. 线路会根据两者的流量动态调整两者所占比例

74. 调制解调器具有将信号进行调制和解调的功能，帮助实现信号的远距离传输。下面_____是它的英文缩写。

A. MUX   B. CODEC   C. Modem   D. ATM

75. 以太网交换机是交换式以太局域网中常用的设备，对于以太网交换机，下列叙述正确的是_____。

A. 连接交换机的全部计算机共享一定带宽

B. 连接交换机的每个计算机各自独享一定的带宽

C. 采用广播方式进行通信

D. 只能转发信号但不能放大信号

76. 用户拨号上网时必须使用 Modem，其主要功能是完成_____。

A. 数字信号的调制与解调   B. 数字信号的运算

C. 模拟信号的放大   D. 模拟信号的压缩

77. 通信卫星是一种特殊的_____通信中继设备。

A. 微波   B. 激光   C. 红外线   D. 短波

78. 在组建局域网时，若线路的物理距离超出了规定的长度，一般需要增加_____设备。

A. 服务器   B. 中继器   C. 调制解调器   D. 网卡

79. 以下几种信息传输方式中，_____不属于现代通信范畴。

A. 电报   B. 电话   C. 传真   D. DVD 影碟

80. 某用户在 WWW 浏览器地址栏内键入一个 URL：http://www.zdxy.cn/index.htm，其中"/index. htm"代表_____。

A. 协议类型   B. 主机域名   C. 路径及文件名   D. 用户名

81. 网络接口卡的基本功能中通常不包括_____。
    A. 数据压缩/解压缩   B. 数据缓存
    C. 数据转换   D. 通信控制

82. 通常把分布在一座办公大楼或某一大院中的计算机网络称为_____。
    A. 广域网   B. 专用网   C. 公用网   D. 局域网

83. 双绞线由两根相互绝缘的绞合成匀称螺纹状的导线组成，下列关于双绞线的叙述中，错误的是_____。
    A. 它的传输速率可达 10 ~ 100Mbps，传输距离可达几十千米甚至更远
    B. 它既可以用于传输模拟信号，也可以用于传输数字信号
    C. 与同轴电缆相比，双绞线易受外部电磁波的干扰，线路本身也产生噪声，误码率较高
    D. 双绞线大多用作局域网通信介质

84. 数据通信系统的数据传输速率指单位时间内传输的二进位数据的数目，下面_____一般不用作它的计量单位。
    A. KBps   B. Kbps   C. Mbps   D. Gbps

85. 使用 ADSL 接入因特网时，下列叙述正确的是_____。
    A. 在上网的同时可以接听电话，两者互不影响
    B. 在上网的同时不能接听电话
    C. 在上网的同时可以接听电话，但数据传输暂时中止，挂机后恢复
    D. 线路会根据两者的流量动态调整两者所占比例

86. 若某用户 E-mail 地址为 shikbk@ online. sb. cn，那么邮件服务器的域名是_____。
    A. shjkbk   B. online   C. sb. cn   D. online. sb. cn

87. 若电子邮件到达时，你的计算机没有开机，电子邮件将_____。
    A. 退回给发信人   B. 保存在邮件服务器中
    C. 过一会儿再重新发送   D. 丢失

88. 下面关于计算机局域网特性的叙述中，错误的是_____。
    A. 数据传输速率高   B. 通信延迟时间短、可靠性好
    C. 可连接任意多的计算机   D. 可共享网络中的软硬件资源

89. 企业内部网是采用 TCP/IP 技术，集 LAN、WAN 和数据服务为一体的一种网络，它也称为_____。
    A. 局域网   B. 广域网   C. Intranet   D. Internet

90. 网络中提供了共享硬盘、共享打印机及电子邮件服务等功能的设备称为_____。
    A. 网络协议   B. 网络服务器
    C. 网络拓扑结构   D. 网络终端

91. 路由器用于连接异构的网络，它收到一个 IP 数据报后要进行许多操作，这些操作不包含_____。
    A. 地址解析   B. 路由选择   C. 帧格式转换   D. IP 数据报的转发

92. 路由器的主要功能是_____。
    A. 在链路层对数据帧进行存储转发
    B. 将异构的网络进行互连

  C. 放大传输信号

  D. 用于传输层及以上各层的协议转换

93. 路由表是广域网中交换机工作的基础，一台交换机要把接收到的数据包正确地传输到目的地，它必须获取数据包中的_____。

  A. 包的源地址

  B. 包的目的地址

  C. 包的源地址和目的地址

  D. 包的源地址、目的地址和上一个交换机地址

94. 连接广域网与局域网必须使用_____。

  A. 中继器   B. 集线器   C. 路由器   D. 网桥

95. 利用有线电视网和电缆调制解调技术 (Cable Modem) 接入互联网有许多优点，下面叙述中错误的是_____。

  A. 无需拨号   B. 不占用电话线

  C. 可永久连接   D. 数据传输速率高且稳定

96. 具有信号放大功能，可以用来增大信号传输距离的物理层网络设备是_____。

  A. 中继器   B. 网桥   C. 网关   D. 路由器

97. 局域网是指较小地域范围内的计算机网络。下列关于计算机局域网的描述错误的是_____。

  A. 局域网的传输速率高   B. 通信延迟小，可靠性好

  C. 可连接任意多的计算机   D. 可共享网络的软硬件资源

98. 局域网分类方法很多，下列_____是按拓扑结构分类的。

  A. 有线网和无线网   B. 星型网和总线网

  C. 以太网和 FDDI 网   D. 高速网和低速网

99. 局域网常用的拓扑结构有环型、星型和_____。

  A. 超链型   B. 总线型   C. 交换型   D. 分组型

100. 在构建计算机局域网时，若将所有计算机均连接到同一条通信传输线路上，并在线路两端连接防止信号反射的装置。这种局域网的拓扑结构被称为_____。

  A. 总线结构 B. 环型结构 C. 星型结构 D. 网状结构

101. 下列有关局域网中继器的说法中正确的是_____。

  A. 中继器的工作是过滤掉会导致错误重复的比特信息

  B. 中继器可以用来连接以太网和令牌环网

  C. 中继器能够隔离分段之间不必要的网络流量

  D. 中继器能把收到的信号整形放大后继续传输

102. 下面关于 IP 地址与域名之间关系的叙述中，正确的是_____。

  A. Internet 中的一台主机在线时只能有一个 IP 地址

  B. 一个合法的 IP 地址可以同时提供给多台主机使用

  C. Internet 中的一台主机只能有一个域名

  D. IP 地址与主机域名是一一对应的

103. 光纤所采用的信道多路复用技术称为_____多路复用技术。

  A. 频分   B. 时分   C. 码分   D. 波分

104. 下面关于 ADSL 接入技术的说法中，错误的是_____。
    A. ADSL 的含义是非对称数字用户线
    B. ADSL 使用普通电话线作为传输介质，能够提供高达 8Mbps 的下载速率和 1Mbps 的上传速率
    C. ADSL 的传输距离可达 5km
    D. ADSL 在上网时不能使用电话

105. 下面_____不是计算机局域网的主要特点。
    A. 地理范围有限
    B. 数据传输速率高
    C. 通信延迟时间较低，可靠性较好
    D. 构建比较复杂

106. 下列有关客户/服务器工作模式的叙述中，错误的是_____。
    A. 客户/服务器模式的系统其控制方式为集中控制
    B. 系统中客户与服务器是平等关系
    C. 客户请求使用的资源需通过服务器提供
    D. 客户工作站与服务器都应装入有关的软件

107. 为了能在网络上正确地传送信息，制定了一整套关于信息传输顺序、格式和控制方式的约定，称之为_____。
    A. 网络操作系统   B. 网络通信软件
    C. 网络通信协议   D. OSI 参考模型

108. 下列说法正确的是_____。
    A. 网络中的路由器可不分配 IP 地址
    B. 网络中的路由器不能有 IP 地址
    C. 网络中的路由器应分配两个以上的 IP 地址
    D. 网络中的路由器只能分配一个 IP 地址

109. 下列软件中不属于网络应用软件的是_____。
    A. Photoshop   B. Telnet   C. FTP   D. E-mail

110. 下列描述中，错误的是_____。
    A. 按网络覆盖的地域范围可分为 LAN、WAN 和 MAN
    B. 按网络使用性质，可分为公用网与专用网
    C. 按网络使用范围及对象可分为企业网，校园网等
    D. 按网络用途分，可分为物理网及资源共享网

111. 下列关于计算机网络中协议功能的叙述最为完整是_____。
    A. 决定谁先接收到信息
    B. 决定计算机如何进行内部处理
    C. 为网络中进行通信的计算机制定的一组需要共同遵守的规则和标准
    D. 检查计算机通信时传送中的错误

112. 下列关于计算机网络的叙述中错误的是_____。
    A. 建立计算机网络的主要目的是实现资源共享
    B. Internet 也称国际互联网、因特网

C.　计算机网络是在通讯协议控制下实现的计算机之间的连接

D.　把多台计算机互相连接起来，就构成了计算机网络

113.　Intranet 是单位或企业内部采用 TCP/IP 技术，集 LAN、Internet 和数据服务为一体的一
种网络，它也称为_____。

A.　局域网　　　　　　B.　广域网　　　　　C.　企业内部网　　　　D.　万维网

114.　下列 IP 地址中错误的是_____。

A.　62. 26. 1. 2　　　　　　　　　　　B.　202. 119. 24. 5

C.　78. 1. 0. 0　　　　　　　　　　　D.　223. 268. 129. 1

115.　下列操作系统都具有网络通信功能，但其中不能作为网络服务器操作系统的是
_____。

A.　Windows 98　　　　　　　　　　B.　Windows NT Server

C.　Windows 2000 Server　　　　　　D.　UNIX

二、填空题

1.　卫星通信是当前远距离通信中的一种手段，它利用_____作为中继站来转发无线电信
号，实现在两个或多个地球站之间的通信。

2.　在计算机网络中传输二进位信息时，传输速率的度量单位是每秒多少比特。某高校校园
网的主干线传输速率是每秒 10 000 000 000 比特，它可以缩写为_____Gbps。

3.　通信系统也称电信网，它连接着大量的用户，由终端设备、_____、交换设备等组成。

4.　电视/广播系统是一种单向的、点到多点的、以_____为主要目的的系统。

5.　以太网中的节点相互通信时，通常使用_____地址来指出收、发双方是哪两个接点。

6.　为了利用本地电话网传输数据，最简便的方法是使用 Modem。Modem 由调制器和
_____器组成。

7.　IEEE 802.3 标准使用一种简易的命名方法，代表各种类型的以太网。以 100 Base-T 为例，
100 表示数据传输速率为 100_____。

8.　IP 地址分为 A、B、C、D、E 五类，若网上某台主机的 IP 地址为 202. 195. 128. 11，该 IP
地址属于_____类地址。

9.　Web 文档有三种基本形式，它们是静态文档、动态文档和_____。

10.　WWW 服务器提供的第一个信息页面称为_____。

11.　WWW 服务是按客户/服务器模式工作的，当浏览器请求服务器下载一个 HTML 文档时，
必须使用 HTTP 协议，该协议的中文名称是_____。

12.　广域网使用的分组交换机中经常出现重复的路由，为了消除重复路由，可以用一个项代
替路由表中许多具有相同下一站的项，这称为_____路由。

13.　计算机网络有两种基本的工作模式，它们是_____模式和客户/服务器模式。

14.　任何一个计算机网络都包含有三个主要组成部分：若干主机、一个通信子网、一系列通
信协议和网络软件。这里的"若干个主机"最少应有_____个主机。

15.　通常把 IP 地址分为 A、B、C、D、E 五类，IP 地址 130.24.35.2 属于_____类。

16.　通常把 IP 地址分为 A、B、C、D、E 五类，IP 地址 202.115.1.1 属于_____类。

17.　以太网是最常用的一种局域网，它采用_____方式进行通信，使一台计算机发出的数

据其他计算机都可以收到。

18. 以太网在传送数据时，将数据分成若干帧，每个节点每次可传送_____个帧。
19. 以太网中，检测和识别信息帧中 MAC 地址的工作由_____卡完成。
20. 以太网中，数据以_____为单位在网络中传输。
21. 在 Internet 中，FTP 用于实现_____传输功能。
22. 在交换式局域网中，有 100 个节点，若交换器的带宽为 10Mbps，则每个节点的可用带宽为_____Mbps。
23. 在网络中通常把提供服务的计算机称为_____，把请求服务的计算机称为客户机。
24. 在有 10 个节点交换式局域网中，若交换器的带宽为 10Mbps，则每个节点的可用带宽为_____Mbps。
25. 在域名系统中，每个域可以再分成一系列的_____，但不能超过 5 级。
26. 中国的因特网域名体系中，商业组织的顶级域名是_____。

三、判断题

1. 信息在光纤中传输时，每隔一定距离要加入中继器，将信号放大后继续传输。
2. 调制解调器（Modem）是用来实现信号调制和解调的一种专用设备。
3. 移动通信系统由移动台、基站、移动电话交换中心等组成。其中每个基站的有效区域既相互分割，又彼此不重叠。
4. Modem 由调制器和解调器两部分组成。调制是指把模拟信号变换为数字信号，解调是指把数字信号变换为模拟信号。
5. 电话系统的通信线路是用来传输语音的，因此它不能用来传输数据。
6. 电话系统的通信线路是用来传输语音信号的，因此它不能用来传输数据。
7. ADSL 可以与普通电话共存于一条电话线，而且能为用户提供固定的数据传输速率。
8. ISDN 利用电话线路向用户提供数据传输服务，目前已得到广泛应用。
9. 安装了防火墙软件的计算机能确保计算机的信息安全。
10. 按照美国国家安全局的安全评估准则，计算机与网络系统安全级别分成 4 类 8 级，用户可根据需要确定系统的安全等级。
11. 包过滤通常安装在路由器上，而且大多数商用路由器都提供了包过滤的功能。
12. 拨号上网的用户都有一个固定的 IP 地址。
13. 超文本中的超链接可以指向文字，也可以指向图形、图像、声音或动画节点。
14. 从网络提供的服务而言，广域网与局域网两者并无本质上的差别。
15. 单从网络提供的服务看，广域网与局域网并无本质上的差别。
16. 对称密钥加密系统的安全性依赖于算法的秘密性而非密钥的秘密性。
17. 对于有 n 个用户需要相互通信的对称密钥加密系统，需要有 n 个公钥和 n 个私钥。
18. 防火墙的作用之一是防止黑客入侵。
19. 防火墙是一个系统或一组系统，它在企业内网与外网之间提供一定的安全保障。
20. 防火墙完全可以防止来自网络外部的入侵行为。
21. 广域网比局域网覆盖的地域范围广，其实它们所采用的技术是完全相同的。
22. 计算机网络是一个非常复杂的系统，网络中所有设备必须遵循一定的通信协议才能高度协调地工作。

23. 计算机网络也就是互联网，也称因特网，它是目前规模最大的计算机网络。

24. 计算机系统由软件和硬件组成，没有软件的计算机被称为裸机，裸机不能完成任何操作。

25. 建立计算机网络的最主要目的是实现资源共享。

26. 将地理位置相对集中的计算机使用专线连接在一起的网络一般称为局域网。

27. 交换式局域网是一种总线型拓扑结构的网络，多个节点共享一定带宽。

28. 每块以太网卡都有一个全球唯一的 MAC 地址，MAC 地址由六个字节组成。

29. 某些型号的打印机自带网卡，可直接与网络相连。

30. 全面的网络信息安全方案不仅要覆盖到数据流在网络系统中所有环节，还应当包括信息使用者、传输介质和网络等各方面的管理措施。

31. 杀毒软件的病毒特征库汇集了已出现的所有病毒特征，因此可以查杀所有病毒，有效保护信息。

32. 使用"一线通"接入因特网时，可一边上网，一边打电话。

33. 使用 Cable Modem 需要用电话拨号后才能上网。

34. 数字签名实质上是采用加密的附加信息来验证消息发送方的身份，以鉴别消息来源的真伪。

35. 所有的 IP 地址都可以分配给任何主机使用。

36. 所有加密技术都只是改变了符号的排列方式，因此对密文进行分解、组合就可以得到明文了。

37. 通过 Telnet 可以使用远程计算机系统中的计算资源。

38. 网络软件是实现网络功能不可缺少的软件。

39. 网络中的计算机只能作为服务器。

40. 网桥既可以连接同类型的局域网，又可以连接不同类型的局域网。

41. 一个完整的 URL 包括网络信息资源类型/协议、服务器地址、端口号、路径和文件名。

42. 以太网使用的集线器(HUB)只是扮演了一个连接器的角色，不能放大或再生信号。

43. 因特网(Internet)是一种跨越全球的多功能信息处理系统。

44. 因特网上使用的网络协议是 ISO 制定的 OSI/RM。

45. 用户安装 ADSL 时，可以专门为 ADSL 申请一条单独的线路，也可以利用已有电话线路。

46. 域名使用的字符可以是字母/数字或连字符，但必须以字母开头并结尾。

47. 域名为 www. hytc. edu. cn 的服务器，若对应的 IP 地址为 202. 195. 112. 3，则通过主机名和 IP 地址都可以实现对服务器的访问。

48. 在分布计算模式下，用户不仅可以使用自己的计算机进行信息处理，还可以从网络共享其他硬件、软件和数据资源。

49. 在计算机网络分类中，广域网与局域网的区别是网络覆盖的地域范围不同。

50. 在考虑网络信息安全措施时，必须绝对保证所有信息的安全，凡可采取的安全措施都要采用。

51. 在数据加密技术中，公共密钥加密系统安全性高，速度快，通常被用来加密文件，而对称加密系统计算复杂，速度慢，通常被用来加密密钥。

52. 在一台已感染病毒的计算机上读取一张 CD-ROM 光盘中的数据，该光盘也有可能被感染病毒。

53. 总线式以太网通常采用广播式的通信方式。
54. 最常用的交换式局域网是使用交换式集线器构成的交换式以太网。

4.3　习题参考答案

一、单选题

1. A	2. D	3. D	4. D	5. C	6. C	7. C	8. C	9. C
10. B	11. A	12. A	13. B	14. C	15. C	16. C	17. D	18. A
19. D	20. C	21. B	22. C	23. D	24. A	25. D	26. B	27. B
28. D	29. C	30. B	31. A	32. B	33. B	34. D	35. C	36. C
37. D	38. B	39. A	40. A	41. B	42. C	43. B	44. A	45. B
46. D	47. A	48. C	49. D	50. B	51. B	52. C	53. A	54. C
55. A	56. B	57. C	58. A	59. B	60. B	61. D	62. B	63. B
64. B	65. C	66. B	67. B	68. A	69. B	70. C	71. C	72. D
73. A	74. C	75. B	76. A	77. A	78. B	79. D	80. C	81. A
82. D	83. A	84. B	85. A	86. B	87. B	88. C	89. C	90. B
91. A	92. B	93. B	94. C	95. B	96. A	97. B	98. B	99. B
100. A	101. D	102. A	103. D	104. D	105. D	106. B	107. C	108. C
109. A	110. D	111. C	112. D	113. C	114. D	115. A		

二、填空题

1. 人造地球卫星	2. 10	3. 传输设备	4. 信息传递	5. MAC
6. 解调器	7. Mbps	8. C	9. 主动文档	10. 主页
11. 超文本传输协议	12. 默认	13. 对等模式	14. 2	15. B
16. C	17. 广播	18. 1	19. 网	20. 帧
21. 文件	22. 10	23. 服务器	24. 10	25. 子域
26. COM				

三、判断题

1. Y	2. Y	3. N	4. N	5. N	6. N	7. N	8. N	9. N
10. Y	11. Y	12. N	13. Y	14. Y	15. Y	16. N	17. N	18. Y
19. Y	20. N	21. N	22. Y	23. N	24. Y	25. Y	26. Y	27. N
28. Y	29. Y	30. Y	31. N	32. Y	33. N	34. Y	35. N	36. N
37. Y	38. Y	39. N	40. N	41. Y	42. N	43. Y	44. N	45. Y
46. N	47. Y	48. Y	49. Y	50. Y	51. N	52. N	53. Y	54. Y

知识模块五　数字媒体及应用

5.1　案 例 分 析

【案例 5-1】下列字符编码标准中，既包含了汉字字符的编码，也包含了如英语、希腊字母等其他语言文字编码的国际标准是________。

A. GB18030　　　　B. UCS/Unicode

C. ASCII　　　　D. GBK

✧　案例分析

1) GB2312 国标字符集

为了适应计算机处理汉字信息的需要，1981 年我国颁布了第一个国家标准——《信息交换用汉字编码字符集 基本集》。该标准选出常用汉字 6763 个，非汉字字符 682 个，总计 7478 个字符，这是大陆普遍使用的简体字符集。

GB2312 国标字符集由三部分组成。第一部分是字母\数字和各种符号，包括拉丁字母、俄文、日文平假名、希腊字母、汉语拼音等共 682 个(统称 GB2312 图形符号)；第二部分为一级常用汉字 3755 个，按汉语拼音排列；第三部分为二级常用汉字 3008 个，按偏旁部首排列。

2) GBK 字符集

GBK 字符集又称大字符集(GB 为国标拼音的简写，K 为扩展拼音的第一个字母)，是我国 1995 年发布的一个汉字编码标准，全称为《汉字内码扩展规范》。共收入 21003 个汉字和 883 个符号，共计 21886 个字符，包括了中日韩(CJK)统一汉字 20902 个、扩展 A 集(CJK Ext-A)中的汉字 52 个。Windows 95/98 简体中文版就带有这个 GBK. txt 文件。宋体、隶书、黑体、幼圆、华文中宋、华文细黑、华文楷体、标楷体(DFKai-SB)、Arial Unicode MS、MingLiu、PMingLiu 等字体支持显示这个字符集。微软拼音输入法 2003、全拼、紫光拼音等输入法，能够录入如镕镕炁夬喆嚞姤赟赟龑龑昳堃慜靕臹等 GBK 简繁体汉字。

3) BIG-5 字符集

收入 13060 个繁体汉字，808 个符号，总计 13868 个字符，目前普遍使用于中国台湾、香港等地区。港台地区大多数字体支持这个字符集的显示。

4) GB18030 字符集

包含 GBK 字符集、CJK Ext-A 全部 6582 个汉字，共计 27533 个汉字。宋体-18030、方正楷体(FZKAi-Z03)、书同文楷体(MS Song)宋体(ht_Cjk +)、香港华康标准宋体(DFSongStd)、华康香港标准楷体、CERG Chinese Font、韩国 New Gulim，以及微软 Windows Vista 操作系统提供的宋、黑、楷、仿、宋等字体亦支持这个字符集的显示。Windows 98 支持这个字符集，以下的字符集则不支持。

5) ISO/IEC 10646 / Unicode 字符集

这是全球可以共享的编码字符集，两者相互兼容，涵盖了世界上主要语文的字符，其中包括简繁体汉字，计有：CJK 统一汉字 20902 个，CJK Ext-A 6582 个，Ext-B 42711 个，共计 70195 个汉字。SimSun-ExtB(宋体)、MingLiu-ExtB(细明体)能显示全部 Ext-B 汉字。

◇　答案与结论

通过了解上述案例分析，可以得出结论，本题答案为 B。

◇　知识延伸

汉字的 UCS/Unicode 编码与 GB2312-80、GBK 标准以及 GB18030 标准都兼容吗？

答：不兼容。GB2312-80、GBK 标准以及 GB18030 标准是我国先后颁布的汉字编码标准，它们之间保持向下兼容，而 UCS/Unicode 编码是由国际标准化组织(ISO)制定的为了实现全球数以千计的不同语言文字的统一编码，与我国的编码标准不兼容。

【案例 5-2】汉字从键盘录入到存储，涉及汉字输入码和_____。

A. DOC 码　　　　B. ASCII 码　　　　C. 区位码　　　　D. 机内码

◇　案例分析

汉字种类繁多，编码比英文文字困难，汉字在不同的场合要使用不同的编码。通常有 4 种类型的编码，即输入码、国标码、内码、字形码。

1) 汉字区位码

国标码汉字及符号组成一个 94 行 94 列的二维代码，每一行称为一个"区"，每一列称为一个"位"。每两个字节分别用两位十进制编码，前字节的编码称为区码，后字节的编码称为位码，此即区位码，其中，高两位为区号，低两位为位号。这样区位码可以唯一地确定某一汉字或字符；反之，任何一个汉字或符号都对应一个唯一的区位码，没有重码。如"保"字在二维代码表中处于 17 区第 3 位，区位码即为"1703"。

2) 汉字国标码

国标码是由区位码转换得到，其转换方法为：先将十进制区码和位码转换为十六进制的区码和位码，再将这个代码的第一个字节和第二个字节分别加上 20H，就得到国标码。如："保"字的国标码为 3123H，它是经过下面的转换得到的：1703D→1103H $\xrightarrow{+20H}$ 3123H。

3) 汉字机内码

国标码是汉字信息交换的标准编码，但因其前后字节的最高位为 0，与 ASCII 码发生冲突，如"保"字，国标码为 31H 和 23H，而西文字符"1"和"#"的 ASCII 也为 31H 和 23H，现假如内存中有两个字节为 31H 和 23H，这到底是一个汉字，还是两个西文字符？"1"和"#"于是就出现了二义性，显然，国标码是不可能在计算机内部直接采用的，于是，汉字的机内码采用变形国标码，其变换方法为：将国标码的每个字节都加上 128，即将两个字节的最高位由 0 改 1，其余 7 位不变，如：由上面我们知道，"保"字的国标码为 3123H，前字节为 00110001B，后字节为 00100011B，高位改 1 为 10110001B 和 10100011B 即为 B1A3H，因此，"保"字的机内码就是 B1A3H。

汉字机内码的每个字节都大于 128，这就解决了与西文字符的 ASCII 码冲突的问题。

4) 字形码

表示汉字字形的字模数据，因此也称为字模码，是汉字的输出形式。通常用点阵、矢量函数等表示。用点阵表示时，字形码指的就是这个汉字字形点阵的代码。根据输出汉字的要求不同，点阵的多少也不同。简易型汉字为 16×16 点阵、提高型汉字为 24×24 点阵、48×48 点阵等。现在我们以 24×24 点阵为例来说明一个汉字字形码所要占用的内存空间。因为每行 24 个点就是 24 个二进制位，存储一行代码需要 3 个字节。那么，24 行共占用 3×24 = 72 字节。计算公式：每行点数/8×行数。依此，对于 48×48 的点阵，一个汉字字形需要占用的存储空间为 48/8×48 = 6×48 = 288 字节。

汉字是一种拼音、象形和会意文字，本身具有十分丰富的音、形、义等内涵。至今为止，已有好几百种汉字输入码的编码方案问世，其中得到广泛使用的达几十种之多。按照汉字输入的编码元素取材的不同，可将众多的汉字输入码分为如下四类。

1) 数字编码

用一串数字来表示汉字的编码方法，如电报码输入法、区位码输入法等，它们难以记忆，已很少使用。汉字区位编码由 4 位组成，前 2 位是区号，后 2 位是位号，适合于输入发音、字形不规则的汉字，生僻字。另外，一些特殊的符号，也需要用区位法输入。

2) 拼音码

以汉字的汉语拼音为基础，以汉字的汉语拼音或其一定规则的缩写形式为编码元素的汉字输入码统称为拼音码。如：全拼输入法、智能 ABC 输入法、双拼输入法、sogou 拼音输入法等。

(3) 拼形码

以汉字的形状结构及书写顺序特点为基础，按照一定的规则对汉字进行拆分，从而得到若干具有特定结构特点的形状，然后以这些形状为编码元素"拼形"而成汉字的汉字输入码统称为拼形码。如：五笔字型输入法、表形码输入法等。

4) 音形码

这是一类兼顾汉语拼音和形状结构两方面特性的输入码，它是为了同时利用拼音码和拼形码两者的优点，一方面降低拼音码的重码率，另一方面减少拼形码需较多学习和记忆的困难程度而设计的。音形码的设计目标是要达到普通用户的要求，重码少、易学、少记、好用。如：自然码输入法、极点五笔输入法等。

◇　答案与结论

通过了解上述案例分析，可以得出结论，本题答案为 D。

◇　知识延伸

我国内地发布使用的汉字编码有多种，无论选用哪一种标准，每个汉字均用 2 字节进行编码吗？

答：是的，我国内地发布使用的汉字编码 GB2312-80 标准、GBK 标准以及 GB18030 标准，每个汉字均用 2 字节进行编码，且每个字节最高位设置为 1。

【案例 5-3】使用计算机制作的数字文本若根据它们是否具有排版格式来分，可分为简单文本和丰富格式文本两大类。Windows 附件中的"记事本"程序所编辑生成的 txt 文件属于＿＿＿＿＿文件。

❖ 案例分析

简单文本由一连串用于表达正文内容的字符(包括汉字)的编码所组成，它几乎不包含任何其他的格式信息和结构信息。这种文本通常称为纯文本，其文本后缀是"txt"。Windows 附件中的记事本程序所编辑处理的文本就是简单文本。

简单文本呈现为一种线性结构，写作和阅读均按顺序进行。

丰富格式文本：为了使简单文本能以整齐、醒目、美观、大方的形式展现给用户，人们还需要对简单文本进行必要的加工。例如对文字所使用的字体、字号、颜色等进行设定，确定文本所在页面的大小、文本在页面上的位置及布局等，这个过程称为文本的格式化，也称为"排版"。经过排版处理后，纯文本中就增加了许多格式控制和结构说明信息，这样的文本称为"丰富格式文本"(Rich Text Format，RTF)。大多数的文字处理软件都能读取和保存 RTF 文档。

超文本(Hypertext)是用超链接的方法，将各种不同空间的文字信息组织在一起的网状文本，用以显示文本及与文本之间相关的内容。现在超文本普遍以电子文档方式存在，其中的文字包含有可以链接到其他位置或者文档的连接，允许从当前阅读位置直接切换到超文本连接所指向的位置。超文本的格式有很多，目前最常使用的是超文本标记语言(Hyper Text Markup Language，HTML)及丰富文本格式(Rich Text Format，RTF)。

❖ 答案与结论

通过了解上述案例分析，可以得出结论，本题答案为：简单。

❖ 知识延伸

下列文件类型中，不属于丰富格式文本的文件类型是_____。

A. DOC 文件　　　　　　　　B. TXT 文件
C. PDF 文件　　　　　　　　D. HTML 文件

不属于丰富格式文本的文件类型是 TXT 文件，其他三个都是丰富格式文件类型，分别用不同的软件环境来打开。本题答案为 B。

【案例 5-4】数字图像的获取步骤大体分为四步：扫描、取样、分色、量化，其中量化的本质是对每个样本的分量进行_____转换。

A. A/D　　　　B. A/A　　　　C. D/A　　　　D. D/D

❖ 案例分析

从现实世界中获得数字图像的过程称为图像的获取(Capturing)，所使用的设备通称为图像获取设备。例如对印刷品、照片或照相底片等进行扫描输入，用数字相机或数字摄像机对选定的景物进行拍摄。

图像获取的过程实质上是模拟信号的数字化过程，它的处理步骤大体分为四步，如图 5-1 所示。

(1) 扫描。将画面划分为 $M \times N$ 个网格，每个网格称为一个取样点，用其亮度值来表示。这样，一幅模拟图像就转换为 $M \times N$ 个取样点组成的一个阵列。

(2) 分色。将彩色图像的取样点的颜色分解成 3 个基色(如 R，G，B 三基色)，如果不是彩色图像(即灰度图像或黑白图像)，则每一个取样点只有一个亮度值。

(3) 取样。测量每个取样点的每个分量(基色)的亮度值。

(4) 量化。对取样点的每个分量进行 A/D 转换，把模拟量的亮度值使用数字量(一般是 8 位至 12 位的正整数)来表示。

通过上述方法所获取的数字图像称为取样图像(Sample Dimage)，它是静止图像(Still Image)的数字化表示形式，通常简称为"图像"。

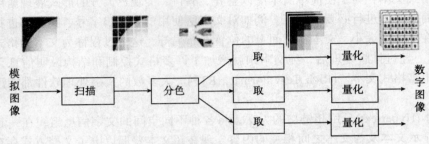

图 5-1　图像的数字化过程

◇　答案与结论

通过了解上述案例分析，可以得出结论，本题答案为 A。

◇　知识延伸

从取样图像的获取过程可以知道，一幅取样图像由 M 行×N 列个取样点组成，每个取样点是组成取样图像的基本单位，称为＿＿＿＿＿。

像素(Pixel)是由 Picture(图像)和 Element(元素)这两个单词的字母所组成的，是用来计算数码影像的一种单位，我们若把影像放大数倍，会发现影像是由许多色彩相近的小方点所组成，这些小方点就是构成影像的最小单位"像素"(Pixel)。本题答案为：像素。

【案例 5-5】存放一幅 1024×768 像素的未经压缩的真彩色(24 位)图像，大约需＿＿＿＿＿个字节的存储空间。

A. 1024×768×24　　　　　　　B. 1024×768×3

C. 1024×768×2　　　　　　　D. 1024×768×12

◇　案例分析

图像是由扫描仪、摄像机等输入设备捕捉实际的画面产生的数字图像，是由像素点阵构成的位图。

在计算机中存储的每一幅取样图像，必须给出如下一些关于该图像的描述信息(属性)：

(1) 图像大小。也称为图像分辨率(用图像水平分辨率×图像垂直分辨率表示)。

(2) 颜色空间的类型。也称颜色模型，指彩色图像所使用的颜色描述方法。通常，显示器使用的是 RGB(红绿蓝)模型，彩色打印机使用的是 CMYK(青品红黄黑)模型，彩色电视使用的是 YUV(亮度色度)模型。

(3) 像素深度。即像素的所有分量二进位之和，决定了图像中不同颜色的最大数目。

一幅图像的数据量可按下面的公式进行计算(以字节为单位)：

图像数据量=图像水平分辨率×图像垂直分辨率×像素深度/8

所以，图像数据量应该为 $1024×768×24/8$。

✧　答案与结论

通过了解上述案例分析，可以得出结论，本题答案为 B。

✧　知识延伸

表示 R、G、B 三个基色的二进位数目分别是 6 位、6 位、4 位，因此可显示颜色的总数是多少种？

答：像素的所有分量二进位之和为 $6+6+4=16$，即像素深度为 16，可显示颜色的总数为 2^{16} 种，即 65536 种。

【案例 5-6】判断：JPEG 是目前因特网上广泛使用的一种图像文件格式，它可以将许多张图像保存在同一个文件中，显示时按预先规定的时间间隔逐一进行显示，从而形成动画的效果，因而在网页制作中大量使用。

✧　案例分析

图像文件格式是记录和存储影像信息的格式。对数字图像进行存储、处理、传播，必须采用一定的图像格式，也就是把图像的像素按照一定的方式进行组织和存储，把图像数据存储成文件就得到图像文件。常见的图像文件格式有

BMP(位图格式)：是 DOS 和 Windows 兼容计算机系统的标准 Windows 图像格式。BMP 格式支持 RGB、索引颜色、灰度和位图颜色模式，但不支持 Alpha 通道。BMP 格式支持 1、4、24、32 位的 RGB 位图。

GIF(图像交换格式)：是因特网上广泛使用的一种图像文件格式，它的颜色数目较少(不超过 256 色)，文件特别小，适合因特网传输。GIF 格式能够支持透明背景，具有在屏幕上渐近显示的功能，它可以将多张图像保存在同一个文件中，显示时按预先规定的时间间逐一进行显示，形成动画效果。因而在网页制作中大量使用。

JPEG(联合图片专家组)：是目前所有格式中压缩率最高的格式。目前大多数彩色和灰度图像都使用 JPEG 格式压缩图像，压缩比很大而且支持多种压缩级别的格式，JPEG 格式保留 RGB 图像中的所有颜色信息，通过选择性地去掉数据来压缩文件。

PDF(可移植文档格式)：用于 Adobe aerobat，Adobe aerobat 是 Adobe 公司用完 Windows、UNIX 和 DOS 系统的一种电子出版软件，目前十分流行。

✧　答案与结论

通过了解上述案例分析，可以得出结论，本题答案为：错误。

✧　知识延伸

图像的数据压缩有哪两类？

答：图像压缩可分为有损压缩和无损压缩两类。例如，BMP 是微软公司使用的一种标准图像文件格式，每个文件存放一幅图像，可以使用行程长度编码进行无损压缩，JPEG(联合图像专家组)图像采用的压缩算法就是一种有损压缩，但损失的数据信息经过精密算法，人眼难以感觉到。

【案例 5-7】声音重建的原理是将数字声音转换为模拟声音信号，其工作过程是_____。

A. 取样、量化、编码　　　　　　B. 解码、D/A 转换、插值

C. 数模转换、插值、编码　　　　D. 插值、D/A 转换、编码

◇　案例分析

声音是一种模拟信号。为了使用计算机进行处理，必须将它转换成数字编码的形式，这个过程称为声音信号的数字化。声音信号数字化的过程：

(1) 取样。为了不产生失真，按照取样定理，取样频率不应低于声音信号最高频率的两倍。因此，语音信号的取样频率一般为 8kHz，音乐信号的取样频率应在 40kHz 以上。

(2) 量化。声音信号的量化精度一般为 8 位、12 位或 16 位，量化精度越高，声音的保真度越好，量化精度越低，声音的保真度越差。

(3) 编码。经过取样和量化后的声音，还必须按照一定的要求进行编码，即对它进行数据压缩，以减少数据量，并按某种格式将数据进行组织，以便于计算机存储和处理，在网络上进行传输等。

◇　答案与结论

通过了解上述案例分析，可以得出结论，本题答案为 A。

【案例 5-8】未进行压缩的波形声音的码率为 64kbps，若已知取样频率为 8kHz，量化位数为 8，那么它的声道数是_____。

A. 1　　　　　　B. 2　　　　　　C. 3　　　　　　D. 4

◇　案例分析

经过数字化的波形声音是一种使用二进制表示的串行的比特流(Bit Stream)，它遵循一定的标准或规范进行编码，其数据是按时间顺序组织的。

波形声音的主要参数包括：取样频率，量化位数，声道数目，使用的压缩编码方法以及数码率(Bit Rate)。数码率也称为比特率，简称码率，它指的是每秒钟的数据量。数字声音未压缩前，其计算公式为：

$$波形声音的码率=取样频率×量化位数×声道数$$

设声道数为 X，则 $64kbps = 8kHz × 8 × X$，求解得 $X = 1$

◇　答案与结论

通过了解上述案例分析，可以得出结论，本题答案为 A。

◇　知识延伸

对带宽为 300~3400Hz 的语音，若采样频率为 8kHz、量化位数为 8 位、单声道，则其未压缩时的码率约为多少？

答：未压缩时的码率约为 64kbps，即由"波形声音的码率 = 取样频率×量化位数×声道数"公式计算得到。

【案例 5-9】声音文件有很多类型，下列不属于声音文件扩展名的是_____。

A. MID　　　　　B. WAV　　　　　C. MP3　　　　　D. GIF

❖ 案例分析

常见的声音文件格式：

(1) WAVE(扩展名为 WAV)：该格式记录声音的波形，故只要采样率高、采样字节长、机器速度快，利用该格式记录的声音文件能够和原声基本一致，质量非常高，但这样做的代价就是文件太大。

(2) MPEG-3(扩展名 MP3)：现在最流行的声音文件格式，因其压缩率大，在网络可视电话通信方面应用广泛，但和 CD 唱片相比，音质不能令人非常满意。

(3) Caudio(音乐 CD，扩展名 CDA)：唱片采用的格式，又叫"红皮书"格式，记录的是波形流，绝对的纯正、HIFI。但缺点是无法编辑，文件长度太大。

(4) MIDI(扩展名 MID)：目前最成熟的音乐格式，实际上已经成为一种产业标准，其科学性、兼容性、复杂程度等各方面当然远远超过本文前面介绍的所有标准(除交响乐 CD、Unplug CD 外，其他 CD 往往都是利用 MIDI 制作出来的)，它的 GenerAl MIDI 就是最常见的通行标准。作为音乐工业的数据通信标准，MIDI 能指挥各音乐设备的运转，而且具有统一的标准格式，能够模仿原始乐器的各种演奏技巧甚至无法演奏的效果，而且文件的长度非常小。

MIDI 是 Musical Instrument Digital Interface(乐器数字接口)的缩写。它是由世界上主要电子乐器制造厂商建立起来的一个通信标准，以规定计算机音乐程序 电子合成器和其他电子设备之间交换信息与控制信号的方法。MIDI 文件中包含音符定时和多达 16 个通道的乐器定义，每个音符包括键通道号持续时间音量和力度等信息。所以 MIDI 文件记录的不是乐曲本身，而是一些描述乐曲演奏过程中的指令。

GIF：GIF 分为静态 GIF 和动画 GIF 两种，扩展名为.gif，是一种压缩位图格式，支持透明背景图像，适用于多种操作系统，"体型"很小，网上很多小动画都是 GIF 格式。其实 GIF 是将多幅图像保存为一个图像文件，从而形成动画，所以归根到底 GIF 仍然是图片文件格式。但 GIF 只能显示 256 色。和 JPG 格式一样，这是一种在网络上非常流行的图形文件格式。

❖ 答案与结论

通过了解上述案例分析，可以得出结论，本题答案为 D。

❖ 知识延伸

从网上下载的 MP3 音乐，采用哪种全频带声音压缩编码标准？

答：从网上下载的 MP3 音乐采用的是 MPEG-1 Layer 3 全频带声音压缩编码标准。

【案例 5-10】 "数字摄像头和数字摄像机都是在线的数字视频获取设备。"该说法是否正确？

❖ 案例分析

计算机输入视频信号的方式有在线(On-line)方式和离线(Off-line)方式两种。前者在进行视频信号数字化的同时，立即将数据保存在计算机存储器中，可以使用专门的视频采集卡或数字摄像头来完成的；后者先获取视频信息(数字化)，然后在需要时再将数据输入到计算机存储器中去，数字摄像机和数码相机就是按这种方式工作的。

　　◇　答案与结论

通过了解上述案例分析，可以得出结论，本题答案为：错误。

　　◇　知识延伸

什么插卡可以将输入的模拟视频信号进行数字化，生成数字视频？

视频卡(也称视频采集卡)，是 PC 机中将模拟摄像机、录像机、电视机等设备输出的模拟视频信号或模拟视频音频的混合信号输入计算机并转换成计算机可辨别的数字信号的扩展卡。

【案例 5-11】虽然不是国际标准但在数字电视、DVD 和家庭影院中广泛使用的一种多声道全频带数字声音编码系统是_____。

　　A. MPEG-1　　　　　B. MPEG-2　　　　　C. MPEG-3　　　　　D. Dolby AC-3

　　◇　案例分析

国际标准化组织制订的有关数字视频(及其伴音)压缩编码的几种标准及其应用范围如表 5-1 所示。

表 5-1　视频压缩编码的国际标准及其应用

标准名称	标题	目标比特率	应用场合
MPEG – 1	运动图像及其伴音	不超过 1.5Mbps	·光盘存储 ·VCD ·视频监控
MPEG – 2	运动图像及其伴音	1.5~35Mbps	·数字高清晰度电视 ·高品质视频 ·卫星/有线电视 ·地面广播
MPEG – 4	音视频对象的通用编码	8kbps~35Mbps	·因特网 ·交互式视频 ·2D/3D 计算机图形 ·移动通信

MPEG-3 是在制定 MPEG-2 标准之后准备推出的适用于 HDTV(高清晰度电视)的视频、音频压缩标准，但是由于 MPEG-2 标准已经可以满足要求，故 MPEG-3 标准并未正式推出。

杜比数字 AC-3(Dolby Digital AC-3)：美国杜比公司开发的多声道全频带声音编码系统，它提供的环绕立体声系统由 5 个全频带声道加一个超低音声道组成，6 个声道的信息在制作和还原过程中全部数字化，信息损失很少，细节丰富，具有真正的立体声效果，在数字电视、DVD 和家庭影院中广泛使用的一种工业标准。

　　◇　答案与结论

通过了解上述案例分析，可以得出结论，本题答案为 D。

　　◇　知识延伸

判断：声音信号的量化精度一般为 8 位、12 位或 16 位，量化精度越高，声音的保真度越好、但噪声也越大；量化精度越低，声音的保真度越差、噪声也越低。

上述说法是错误的，噪声与量化精度没有必然的关系。

【案例 5-12】判断：我国有些城市已开通了数字电视服务，但目前大多数新买的电视机还不能直接支持数字电视的接收与播放。

　　◇　案例分析

　　数字电视就是指从演播室到发射、传输、接收的所有环节都是使用数字电视信号或对该系统所有的信号传播都是通过由 0.1 数字串所构成的数字流来传播的电视类型。它的信号损失小，接收效果好。

　　我国近年来大力推行由电视模拟信号向数字信号的转换，计划于 2015 年前在全国范围关闭模拟信号。

　　数字电视接收设备大体有三种形式：一是传统模拟电视接收机的换代产品——数字电视接收机，二是传统模拟电视机外加一个数字电视机顶盒，三是可以接收数字电视的 PC 机或手机等手持终端设备。

　　◇　答案与结论

　　通过了解上述案例分析，可以得出结论，本题答案为：错误。

　　◇　知识延伸

　　计算机动画是采用计算机生成一系列可供实时演播的连续画面的一种技术。现有 2800 帧图像，它们大约可在电影中播放多少分钟？

　　答：2 分钟，因为目前在电影中普遍采用每秒钟播放 24 帧的技术，所以通过计算 2800/24/60 = 1.94min，约为 2min。

5.2　习　　题

一、单选题

1. MP3 音乐所采用的声音数据压缩编码的标准属于_____。
　　A. MPEG-4　　　　　B. MPEG-1　　　　　C. MPEG-2　　　　　D. MPEG-3
2. 符合国际标准且采用先进的小波分析算法的一种新的图像文件格式是_____。
　　A. BMP　　　　　　B. GIF　　　　　　　C. JPEG　　　　　　D. JP2
3. 中文标点符号"。"在计算机中存储时占用_____个字节。
　　A. 1　　　　　　　　B. 2　　　　　　　　C. 3　　　　　　　　D. 4
4. 丰富格式文本的输出过程包含许多步骤，_____不是步骤之一。
　　A. 对文本的格式描述进行解释　　　　B. 对文本进行压缩
　　C. 传送到显示器或打印机输出　　　　D. 生成文字和图表的映像
5. 存放一幅 1024×768 像素的未经压缩的真彩色(24 位)图像，大约需_____个字节的存储空间。
　　A. 1024×768×24　　　　　　　　　　B. 1024×768×3
　　C. 1024×768×2　　　　　　　　　　D. 1024×768×12
6. 表示 R、G、B 三个基色的二进位数目分别是 6 位、6 位、4 位，因此可显示颜色的总数是_____种。
　　A. 14　　　　　　　B. 256　　　　　　　C. 65536　　　　　　D. 16384

7. 把图像(或声音)数据中超过人眼(耳)辨认能力的细节去掉的数据压缩方法称为_____。

    A. 无损数据压缩   B. 有损数据压缩

    C. JPEG 压缩   D. MPEG 压缩

8. 黑白图像的像素有_____个亮度分量。

    A. 1   B. 2   C.3   D. 4

9. 汉字的显示与打印，需要有相应的字形库支持，汉字的字形主要有两种描述方法：点阵字形和_____字形。

    A. 仿真   B. 轮廓   C. 矩形   D. 模拟

10. 把模拟的声音信号转换为数字形式有很多优点，以下不属于其优点的是_____。

    A. 数字声音能进行数据压缩，传输时抗干扰能力强

    B. 数字声音易与其他媒体相互结合(集成)

    C. 数字形式存储的声音重放性好，复制时没有失真

    D. 将波形声音经过数字化处理，从而使其数据量变小

11. MP3 是目前比较流行的一种音乐格式，从 MP3 网站下载 MP3 音乐主要是使用了计算机网络的_____功能。

    A. 资源共享   B. 数据解密

    C. 分布式信息处理   D. 系统性能优化

12. 汉字从键盘录入到存储，涉及汉字输入码和_____。

    A. DOC 码   B. ASCII 码   C. 区位码   D. 机内码

13. 对带宽为 300~3400Hz 的语音，若采样频率为 8kHz、量化位数为 8 位、单声道，则其未压缩时的码率约为_____。

    A. 64kBps   B. 64kbps   C. 128kBps   D. 128kbps

14. 在计算机中为景物建模的方法有多种，它与景物的类型有密切关系，例如对树木、花草、烟火、毛发等，需找出它们的生成规律，并使用相应的算法来描述其形状的规律，这种模型称为_____。

    A. 线框模型   B. 曲面模型   C. 实体模型   D. 过程模型

15. PC 机中有一种类型为 MID 的文件，下面关于此类文件的叙述中，错误的是_____。

    A. 它是一种使用 MIDI 规范表示的音乐，可以由媒体播放器之类的软件进行播放

    B. 播放 MID 文件时，音乐是由 PC 机中的声卡合成出来的

    C. 同一 MID 文件，使用不同的声卡播放时，音乐的质量完全相同

    D. PC 机中的音乐除了使用 MID 文件表示之外，也可以使用 WAV 文件表示

16. 在计算机中，西文字符最常用的编码是_____。

    A. 原码   B. 反码   C. ASCII 码   D. 补码

17. 在下列汉字编码标准中，有一种不支持繁体汉字，它是_____。

    A. GB2312-80   B. GBK   C. BIG 5   D. GB18030

18. MP3 音乐所采用的声音数据压缩编码的标准是_____。

    A. MPEG-4   B. MPEG-1   C. MPEG-2   D. MPEG-3

19. 在 Word 中，执行打开文件 C:\A. doc 操作，是将_____。

    A. 软盘文件读至 RAM，并输出到显示器

    B. 软盘文件读至主存，并输出到显示器

　　C. 硬盘文件读至内存，并输出到显示器

　　D. 硬盘文件读至显示器

20. 汉字的键盘输入方案数以百计，能被用户广泛接受的编码方案应_____。

　　A. 易学易记，单字击键数不限　　　　B. 可输入字数多

　　C. 易学易记，效率要高　　　　　　　D. 重码要少，效率要高

21. 输出汉字时，首先根据汉字的机内码在字库中进行查找，找到后，即可显示(打印)汉字，在字库中找到的是该汉字的_____。

　　A. 外部码　　　　B. 交换码　　　　C. 信息码　　　　D. 字形描述信息

22. 下列_____图像文件格式主要用于扫描仪和桌面出版。

　　A. BMP　　　　　B. TIF　　　　　　C. GIF　　　　　D. JPEG

23. 我们从网上下载的 MP3 音乐，采用的全频带声音压缩编码标准是_____。

　　A. MPEG-1 层 3　　　　　　　　　　B. MPEG-2 Audio

　　C. Dolby AC-3　　　　　　　　　　　D. MIDI

24. 一个 80 万像素的数码相机，它可拍摄相片的分辨率最高为_____。

　　A. 1280 × 1024　　B. 800 × 600　　C. 1024 × 768　　D. 1600 × 1200

25. 下列叙述中，正确的是_____。

　　A. 汉字是用原码表示的

　　B. 西文用补码表示

　　C. 在 PC 机中，纯文本的后缀名是 .txt

　　D. 汉字的机内码就是汉字的输入码

26. 一幅具有真彩色(24 位)、分辨率为 1024 × 768 的数字图像，在没有进行数字压缩时，它的数据量大约是_____。

　　A. 900KB　　　　　B. 18MB　　　　C. 3.75MB　　　　D. 2.25MB

27. 下列选项中，数码相机目前一般不具备的功能是_____。

　　A. 自动聚焦　　　　B. 影像预视　　C. 影像删除　　　D. 影像打印

28. 文本编辑的目的是使文本正确、清晰、美观，下列_____操作不属于文本处理而属于文本编辑功能。

　　A. 添加页眉和页脚　　　　　　　　B. 统计文本中字数

　　C. 文本压缩　　　　　　　　　　　D. 识别并提取文本中的关键词

29. 下列汉字输入方法中，不属于人工输入的是_____。

　　A. 汉字 OCR(光学字符识别)输入

　　B. 键盘输入

　　C. 语音输入

　　D. 联机手写输入

30. 下列文件类型中，不属于丰富格式文本的文件类型是_____文件。

　　A. DOC　　　　　　B. TXT　　　　　C. PDF　　　　　D. HTML

31. 目前数码相机所采用的既支持无损压缩又支持有损压缩的图像文件格式是_____。

　　A. BMP　　　　　　B. GIF　　　　　C. JPEG　　　　　D. TIF

32. 使用计算机进行文本编辑与文本处理是常见的两种操作，下列不属于文本处理的

是_____。

A. 文本检索　　　　B. 字数统计　　　　C. 文字输入　　　　D. 文语转换

33. 使用 16 位二进制编码表示声音与使用 8 位二进制编码表示声音的效果不同，前者比后者_____。

A. 噪声小，保真度低，音质差　　　　B. 噪声小，保真度高，音质好

C. 噪声大，保真度高，音质好　　　　D. 噪声大，保真度低，音质差

34. 声卡不具有_____的作用。

A. 将声波转换为电信号　　　　　　　B. 波形声音的重建

C. MIDI 声音的输入　　　　　　　　　D. MIDI 声音的合成

35. 下列应用软件中主要用于数字图像处理的是_____。

A. Outlook Express　　　　　　　　　B. PowerPoint

C. Excel　　　　　　　　　　　　　　D. Photoshop

36. 虽然不是国际标准但在数字电视、DVD 和家庭影院中广泛使用的一种多声道全频带数字声音编码系统是_____。

A. MPEG-1　　　B. MPEG-2　　　C. MPEG-3　　　D. Dolby AC-3

37. 为了区别于通常的取样图像，计算机合成图像也称为_____。

A. 点阵图像　　　B. 光栅图像　　　C. 矢量图形　　　D. 位图图像

38. 为了既能与国际标准 UCS(Unicode)接轨，又能保护现有中文信息资源，我国政府发布了_____汉字编码国家标准，它与以前的汉字编码标准保持向下兼容，并扩充了 UCS/Unicode 中的其他字符。

A. GB2312　　　B. ASCII　　　C. GB18030　　　D. GBK

39. 下列软件中不具备文本阅读器功能的是_____。

A. 微软 Word　　　　　　　　　　　B. 微软 Media Player

C. 微软 Internet Explorer　　　　　　D. Adobe 公司的 Acrobat Reader

40. 一个字符的标准 ASCII 码由_____位二进制数组成。

A. 7　　　　　　B. 1　　　　　　C. 8　　　　　　D. 16

41. 为了便于丰富格式文本能在不同的软件和系统中互换使用，一些公司联合提出了一种公用的中间格式，称为_____。

A. HTML 格式　　　B. XSL 格式　　　C. RTF 格式　　　D. DOC 格式

42. 文本输出过程中，文字字形的生成是关键。下面的叙述中错误的是_____。

A. 字库是同一字体的所有字符的形状描述信息的集合

B. 中文版 Word 可以显示和打印汉字是因为它配置了中文字库

C. 中文版 Word 配置的每一种中文字库都有相同数量的字形信息

D. Windows 中采用的字形描述方法是轮廓描述

43. 通常所说的全频带声音其频率范围是_____。

A. 20~20kHz　　　　　　　　　　　B. 300~3400Hz

C. 20~40MHz　　　　　　　　　　　D. 300~3400kHz

44. 声音重建的原理是将数字声音转换为模拟声音信号，其工作过程是_____。

A. 取样、量化、编码　　　　　　　　B. 解码、D/A 转换、插值

C. 数模转换、插值、编码　　　　　　D. 插值、D/A 转换、编码

45. 下列说法中错误的是_____。
   A. 现实世界中很多景物如树木、花草、烟火等很难用几何模型描述
   B. 计算机图形学主要是研究使用计算机描述景物并生成其图像的原理、方法和技术
   C. 用于描述景物的几何模型可分为线框模型、曲面模型和实体模型等许多种
   D. 利用扫描仪输入计算机的机械零件图属于计算机图形

46. 数字图像的获取步骤大体分为四步:扫描、取样、分色、量化,其中量化的本质是对每个样本的分量进行_____转换。
   A. A/D   B. A/A   C. D/A   D. D/D

47. 数字电子文本的输出展现过程包含许多步骤,_____不是步骤之一。
   A. 对文本的格式描述进行解释   B. 对文本进行压缩
   C. 传送到显示器或打印机输出   D. 生成文字和图表的映像

48. 以下与数字声音相关的说法中错误的是_____。
   A. 为减少失真,数字声音获取时,采样频率应低于模拟声音信号最高频率的两倍
   B. 声音的重建是声音信号数字化的逆过程,它分为解码、数模转换和插值三个步骤
   C. 原理上数字信号处理器 DSP 是声卡的一个核心部分,在声音的编码、解码及声音编辑操作中起重要作用
   D. 数码录音笔一般仅适合于录制语音

49. 下列四个选项中,按照其 ASCII 码值从小到大排列的是_____。
   A. 数字、英文大写字母、英文小写字母
   B. 数字、英文小写字母、英文大写字母
   C. 英文大写字母、英文小写字母、数字
   D. 英文小写字母、英文大写字母、数字

50. 未进行压缩的波形声音的码率为 64kbps,若已知取样频率为 8kHz,量化位数为 8,那么它的声道数是_____。
   A. 1   B. 2   C. 3   D. 4

51. 为了保证对频谱很宽的全频道音乐信号采样时不失真,其取样频率应在_____以上。
   A. 40kHz   B. 8kHz   C. 12kHz   D. 16kHz

52. 下列关于合成声音的叙述中,错误的是_____。
   A. 计算机合成声音有两类它们分别为计算机合成语音和计算机合成音乐
   B. 通俗地说,计算机合成语音就是让计算机模仿人把一段文字读出来,这个过程称为文语转换
   C. 计算机合成语音广泛应用于电话信息查询、语音秘书、残疾人服务等多个方面
   D. 计算机合成语音,又称 MIDI,主要由声卡来完成

53. 评价图像压缩编码方法的优劣主要看_____。①压缩倍数,②压缩时间,③算法的复杂度,④重建图像的质量
   A. ①②③   B. ①③④
   C. ②③④   D. ①②③④

54. 下列字符编码标准中,既包含了汉字字符的编码,也包含了如英语、希腊字母等其他语言文字编码的国际标准是_____。

A. GB18030　　　　　　　　　　　　　B. UCS/Unicode
C. ASCII　　　　　　　　　　　　　　D. GBK

55. 下面关于图像的叙述中错误的是_____。
    A. 图像的压缩方法很多，但是一台计算机只能选用一种
    B. 图像的扫描过程指将画面分成 $m \times n$ 个网格，形成 $m \times n$ 个取样点
    C. 分色是将彩色图像取样点的颜色分解成三个基色
    D. 取样是测量每个取样点每个分量(基色)的亮度值

56. 美国标准信息交换码(ASCII 码)中，共有 128 个字符，包括_____个可打印字符和 32 个控制字符。
    A. 52　　　　　　B. 96　　　　　　C. 116　　　　　　D. 101

57. 与点阵描述的字体相比，Windows 中使用的 TrueType 字体的主要优点是_____。
    A. 字的大小变化时能保持字形不变　　　B. 具有艺术字体
    C. 输出过程简单　　　　　　　　　　　D. 可以设置成粗体或斜体

58. 下面关于计算机中图像表示方法的叙述中，错误的是_____。
    A. 图像大小也称为图像的分辨率
    B. 彩色图像具有多个位平面
    C. 图像的颜色描述方法(颜色模型)可以有多种
    D. 图像像素深度决定了一幅图像所包含的像素的最大数目

59. 就文本格式而言，下列关于标记与标记语言的叙述，错误的是_____。
    A. 所有标记及其使用规则都称为"标记语言"，不同的文字处理软件使用的标记语言都是统一的
    B. 标记用来说明文本的版面结构、内容组织、文字的外貌属性等。一般来说，丰富格式文本除了包含正文外，还包含许多标记
    C. Word 所使用的标记语言是微软公司专用的，它与 Adobe 公司 Acrobat 所使用的标记语言不兼容
    D. 超文本标记语言 HTML 和可扩展的标记语言 XML 是用于 Web 网页的标准标记语言

60. 用于向计算机输入图像的设备很多，下面不属于图像输入设备的是_____。
    A. 数码相机　　　B. 扫描仪　　　　C. 鼠标器　　　　D. 数码摄像头

61. 目前有许多不同的图像文件格式，下列_____不属于图像文件格式。
    A. TIF　　　　　B. JPEG　　　　　C. GIF　　　　　　D. PDF

62. 让计算机模仿人把一段文字朗读出来，这个过程称为_____。
    A. TTS　　　　　B. ADSL　　　　　C. MIDI　　　　　D. PCM

63. 下列关于 MIDI 的叙述中，错误的是_____。
    A. MIDI 声音的特点是数据量很少，但易于编辑修改
    B. MID 文件和 WAV 文件都是计算机的音频文件
    C. MIDI 既可以表示乐曲，也能表示歌曲
    D. 类型为 MID 的文件是一种使用 MIDI 规范表示的音乐，可以由 Windows 的媒体播放器软件播放

64. 若 CRT 的分辨率为 1024×1024，像素颜色数为 256 色，则显示存储器的容量至少是_____。

A. 512KB   B. 1MB   C. 256KB   D. 128KB

65. 若计算机中连续 2 个字节内容的十六进制形式为 34 和 51，则它们不可能是_____
    A. 2 个西文字符的 ASCII 码   B. 1 个汉字的机内码
    C. 1 个 16 位整数   D. 一条指令

66. 下列关于共享式以太网的说法错误的是_____。
    A. 采用总线结构   B. 数据传输的基本单位称为 MAC
    C. 以广播方式进行通信   D. 需使用以太网卡才能接入网络

67. 若中文 Windows 环境下西文使用标准 ASCII 码，汉字采用 GB2312 编码，设有一段文本的内码为 CB F5 D0 B4 50 43 CA C7 D6 B8，则在这段文本中，含有_____。
    A. 2 个汉字和 1 个西文字符   B. 4 个汉字和 2 个西文字符
    C. 8 个汉字和 2 个西文字符   D. 4 个汉字和 1 个西文字符

68. 下面是关于我国汉字编码标准的叙述，其中正确的是_____。
    A. Unicode 是我国最新发布的也是收字最多的汉字编码国家标准。
    B. 同一个汉字的不同造型(如宋体、楷体等)在计算机中的内码不同。
    C. 在 GB18030 汉字编码国家标准中，共有 2 万多个汉字。
    D. GB18030 与 GB2312 和 GBK 汉字编码标准不兼容。

69. 计算机只能处理数字声音，在数字音频信息获取过程中，下列顺序正确的是_____。
    A. 模数转换、采样、编码   B. 采样、编码、模数转换
    C. 采样、模数转换、编码   D. 采样、数模转换、编码

70. 下面 4 种静态图像文件在 Internet 上大量使用的是_____。
    A. swf   B. tif   C. bmp   D. jpg

71. 下列字符中，其 ASCII 编码值最大的是_____。
    A. 9   B. D   C. A   D. 空格

72. 目前计算机中用于描述音乐乐曲并由声卡合成出音乐来的语言(规范)为_____。
    A. MP3   B. JPEG 2000   C. MIDI   D. XML

73. 计算机图形学(计算机合成图像)有很多应用，以下所列中最直接的应用是_____。
    A. 设计电路图   B. 可视电话   C. 医疗诊断   D. 指纹识别

74. 下列关于数字图像的说法中正确的是_____。
    A. 一幅彩色图像的数据量计算公式为：图像数据量 = 图像水平分辨率×图像垂直分辨率/8
    B. 黑白图像或灰度图像的每个取样点只有一个亮度值
    C. 对模拟图像进行量化的过程也就是对取样点的每个分量进行 D/A 转换
    D. 取样图像在计算机中用矩阵来表示，矩阵的行数称为水平分辨率，矩阵的列数称为图像的垂直分辨率

75. 下列关于计算机合成图像(计算机图形)的应用中，错误的是_____。
    A. 可以用来设计电路图
    B. 可以用来生成天气图
    C. 计算机只能生成实际存在的具体景物的图像
    D. 可以制作计算机动画

二、填空题

1. 我们通常把由点、线、面、体按照一定的几何规则由计算机生成的图像称为_____。

2. 非线性编辑系统是一种视频处理功能特强的多媒体计算机系统，它一般由计算机主机、视(音)频卡、SCSI 硬盘、_____软件组成。

3. 微软公司的 Word 是一个功能丰富、操作方便的文字处理软件，它能够做到"_____"(WYSIWYG)，使得所有的编辑操作其效果立即可以在屏幕上看到，并且在屏幕上看到的效果与打印机的输出结果相同。

4. 为了更好适应如古籍研究等方面的文字处理需要，我国在 1995 年颁布了_____汉字内码扩充规范，它除包含 GB2312 全部汉字和符号外，还收录了繁体字在内的大量汉字和符号。

5. 一台显示器中 R、G、B 分别用 3 位 2 进制数来表示，那么可以有_____种不同的颜色。

6. TTS 的功能是将文本(书面语言)转换为_____输出。

7. 为了在因特网上支持视频直播或视频点播，目前一般都采用_____媒体技术。

8. 从取样图像的获取过程可以知道，一幅取样图像由 M 行 $\times N$ 列个取样点组成，每个取样点是组成取样图像的基本单位，称为_____。

9. 音乐数字化时所使用的取样频率通常要比语音数字化时所使用的取样频率_____。

10. 用户可以根据自己的爱好选择播放电视节目，这种技术称为_____。

11. VCD 在我国已比较普及，其采用的音视频编码标准是_____。

12. 用户可以根据自己的喜好从网上选择收看电视节目，这种技术称为_____。

13. 在键盘输入、联机手写输入、语音识别输入、印刷体汉字识别输入方法中，符合书写习惯，易学易用，适合老年用户或移动计算设备(PDA 等)的是_____输入。

14. GB2312 汉字编码标准中，二级汉字按照偏旁部首的顺序排列，而一级汉字是按照_____顺序排列的

15. DVD 采用 MPEG-2 标准的视频图像，画面品质比 VCD 明显提高，其画面的长宽比有_____的普通屏幕方式和 16:9 的宽屏幕方式。

16. 在数字视频应用中，英文缩写 VOD 的中文名称是_____。

17. 目前在计算机中描述音乐乐谱所使用的一种标准称为_____。

18. 声音信号数字化之后，若码率为 176.4kbps，声道数为 2，量化位数 16，由此可推算出它的取样频率为_____kHz。

19. 使用计算机制作的数字文本若根据它们是否具有排版格式来分，可分为简单文本和丰富格式文本两大类。Windows 附件中的"记事本"程序所编辑生成的.txt 文件属于_____文件。

20. 计算机按照文本(书面语言)进行语音合成的过程称为_____，简称 TTS。

21. 声音信号的数字化过程有采样、量化和编码三个步骤，其中第二个步骤实际上是进行_____转换。

22. 声卡上的音乐合成器有两种，一种是调频合成器，另一种是_____合成器。

23. 色彩位数(色彩深度)反映了扫描仪对图像色彩的辨析能力。色彩位数为 8 位的彩色扫描

　　仪，可以分辨出＿＿＿＿＿种不同的颜色。

24. 目前计算机中广泛使用的西文编码是美国标准信息交换码，其英文缩写为＿＿＿＿＿。

25. 将文本转换为语音输出所使用的技术是 TTS，它的中文名称是＿＿＿＿＿。

26. 数字电视接收机(简称 DTV 接收机)大体有三种形式：一种是传统模拟电视接收机的换代产品＿＿＿＿＿数字电视机，第二种是传统模拟电视机外加一个数字机顶盒，第三种是可以接收数字电视信号的＿＿＿＿＿机。

27. 模拟视频信号要输入 PC 机进行存储和处理，必须先经过数字化处理。协助完成视频信息数字化的插卡称为＿＿＿＿＿。

28. 数字电视普及以后，传统的模拟电视机需要外加一个＿＿＿＿＿才能收看数字电视节目。

29. 数字视频图像输入计算机时，通常需进行彩色空间的转换，即从 YUV 转换为＿＿＿＿＿，然后与计算机图形卡产生的图像叠加在一起，方可在显示器上显示。

30. 计算机使用的声音获取设备包括麦克风和声卡。麦克风的作用是将声波转换为电信号，然后由声卡进行＿＿＿＿＿。

31. 数字图像获取过程实质上是模拟信号的数字化过程，它的处理步骤包括：扫描、分色、＿＿＿＿＿和量化。

32. 计算机动画是采用计算机生成一系列可供实时演播的连续画面的一种技术。现有 2800 帧图像，它们大约可在电影中播放＿＿＿＿＿分钟。

三、判断题

1. 文本处理强调的是使用计算机对文本中所含的文字信息进行分析和处理，因而文本检索不属于文本处理。

2. TIF 是一种在扫描仪和桌面出版领域中被广泛使用的图像文件格式。

3. UCS/Unicode 中的汉字编码与 GB2312-80、GBK 标准以及 GB18030 标准都兼容。

4. 若未进行数据压缩的波形声音的码率为 64kbps，已知取样频率为 8kHz，量化位数为 8，那么它的声道数目是 2。

5. 文本处理强调的是使用计算机对文本中所含文字信息的形、音、义等进行分析和处理。文语转换(语音合成)不属于文本处理。

6. 语音信号的带宽远不如全频带声音，其取样频率低，数据量小，所以 IP 电话一般不需要进行数据压缩。

7. 声音信号的量化精度一般为 8 位、12 位或 16 位，量化精度越高，声音的保真度越好、但噪声也越大；量化精度越低，声音的保真度越差、噪声也越低。

8. 数字视频的数据压缩比可以很高，几十甚至上百倍是很常见的。

9. 数字视频的数据压缩率可以达到很高，几十甚至几百倍是很常见的。

10. 文本展现的大致过程是：首先对文本格式描述进行解释，然后生成字符和图、表的映象，然后再传送到显示器或打印机输出。

11. 我国内地发布使用的汉字编码有多种，无论选用哪一种标准，每个汉字均用 2 字节进行编码。

12. 我国有些城市已开通了数字电视服务，但目前大多数新买的电视机还不能直接支持数字电视的接收与播放。

13. 虽然标准 ASCII 码是 7 位的编码，但由于字节是计算机中最基本的处理单位，故一般仍以一个字节来存放一个 ASCII 字符编码，每个字节中多余出来的一位(最高位)，在计算机内部通常保持为 0。

14. 波形声音的数码率也称为比特率，简称码率，它指的是每分钟的数据量。

15. 数字视盘 DVD 采用 MPEG-3 作为视频压缩标准。

16. JPEG 是目前因特网上广泛使用的一种图像文件格式，它可以将许多张图像保存在同一个文件中，显示时按预先规定的时间间隔逐一进行显示，从而形成动画的效果，因而在网页制作中大量使用。

17. 视频信号的数字化过程中，亮度信号的取样频率可以比色度信号的取样频率低一些，以减少数字视频的数据量。

18. DVD 与 VCD 相比，其图像和声音的质量均有了较大提高，所采用的视频压缩编码标准是 MPEG-2。

19. GB18030 汉字编码标准收录了 27484 个汉字，完全兼容 GBK、GB2312 标准。

20. GB2312 国标字符集由三部分组成：第一部分是字母、数字和各种符号；第二部分为一级常用汉字；第三部分为二级常用汉字。

21. 视频信号的数字化比声音要简单，它是以毫秒为单位进行的。

22. 在计算机中，图像和图形都可以进行编辑和修改。

23. 视频卡可以将输入的模拟视频信号进行数字化，生成数字视频。

24. 在仅仅使用 GB2312 汉字编码标准时，中文占用两个字节，而标点符号"。"只占用 1 个字节。

25. JPG 图像文件采用了国际压缩编码标准 JPEG，可支持有损压缩。

26. 在使用输入设备进行输入时，目前还只能输入文字、命令和图像，无法输入声音。

27. MP3 与 MIDI 均是常用的数字声音，用它们表示同一首钢琴乐曲时，前者的数据量比后者小得多。

28. MPEG-4 适合于交互式和移动多媒体应用。

29. 数字摄像头和数字摄像机都是在线的数字视频获取设备。

30. GIF 图像文件格式能够支持透明背景，具有在屏幕上渐进显示的功能。

31. 光学字符识别，即 OCR，是将纸介质上的印刷体文字符号自动输入计算机并转换成编码文本的一种技术。

32. 在 Windows 平台上使用的 AVI 文件中存放的是压缩后的音视频数据。

33. 分辨率是数码相机的主要性能指标，分辨率的高低取决于数码相机中的 CCD 芯片内像素的数量，像素越多分辨率越高。

34. 颜色模型指彩色图像所使用的颜色描述方法，常用的颜色模型有 RGB(红、绿、蓝)模型、CMYK(青、品红、黄、黑)模型等，但这些颜色模型是不可以相互转换的。

35. 黑白图像的像素只有一个亮度分量。

36. 与文本编辑不同的是，文本处理是对文本中包含的文字信息的音、形、义等进行分析、加工和处理。

37. 汉字的 UCS/Unicode 编码与 GB2312-80、GBK 标准以及 GB18030 标准都兼容。

38. 存储容量是数码相机的一项重要性能，不论拍摄质量如何，存储容量大的数码相机可拍摄的相片数量肯定比存储容量小的相机多。

39. 图像的大小也称为图像的分辨率(包括垂直分辨率和水平分辨率)。若图像大小超过了屏幕分辨率(或窗口)，则屏幕上只显示出图像的一部分，其他多余部分将被截掉而无法看到。

40. 通常以一个字节来存放一个 ASCII 字符，但只用 7 位对其进行编码，剩余的 1 位在数据传输时可用来进行奇偶校验。

41. 目前因特网上视频直播、视频点播等常采用微软公司的 AVI 文件格式。

5.3　习题参考答案

一、单选题

1. B	2. D	3. B	4. B	5. B	6. C	7. D	8. A	9. B
10. D	11. A	12. D	13. A	14. D	15. C	16. C	17. A	18. B
19. C	20. C	21. D	22. B	23. A	24. C	25. C	26. D	27. D
28. A	29. A	30. B	31. C	32. B	33. B	34. A	35. D	36. D
37. C	38. C	39. B	40. C	41. C	42. C	43. A	44. B	45. B
46. A	47. B	48. A	69. A	50. A	51. A	52. D	53. B	54. B
55. A	56. B	57. A	58. D	59. A	60. C	61. D	62. A	63. C
64. B	65. B	66. B	67. B	68. C	69. C	70. D	71. C	72. C
73. A	74. B	75. C						

二、填空题

1. 图形	2. 视频编辑	3. 所见即所得	4. GBK	5. 512
6. 语音	7. 流媒体	8. 像素	9. 高	10. 视频点播
11. MPEG-1	12. VOD/点播电视	13. 联机手写输入	14. 拼音	15. 4:3
16. 点播电视	17. MIDI	18. 44.1	19. 简单	20. 文语转换
21. 模数	22. 波表	23. 256	24. ASCII	25. 文语转换
26. PC	27. 视频卡	28. 机顶盒	29. RGB	30. 数字化
31. 取样	32. 2			

三、判断题

1. N	2. Y	3. N	4. N	5. N	6. N	7. N	8. Y	9. Y
10. Y	11. Y	12. N	13. Y	14. N	15. N	16. N	17. N	18. Y
19. Y	20. Y	21. N	22. Y	23. Y	24. N	25. Y	26. N	27. N
28. Y	29. N	30. Y	31. Y	32. Y	33. Y	34. N	35. Y	36. Y
37. N	38. N	39. N	40. Y	41. N				

知识模块六　计算机信息系统与数据库

6.1　案 例 分 析

【案例 6-1】20 世纪 60 年代以来，随着软件需求日趋复杂，软件的生产和维护出现了很大的困难，人们称此为_____。

◇　案例分析

20 世纪 60 年代以前，计算机刚刚投入实际使用，软件设计往往只是为了一个特定的应用而在指定的计算机上设计和编制，采用密切依赖于计算机的机器代码或汇编语言，软件的规模比较小，文档资料通常也不存在，很少使用系统化的开发方法，设计软件往往等同于编制程序，基本上是个人设计、个人使用、个人操作、自给自足的私人化的软件生产方式。60 年代中期，大容量、高速度计算机的出现，使计算机的应用范围迅速扩大，软件开发急剧增长，高级语言开始出现，操作系统的发展引起了计算机应用方式的变化，大量数据处理导致第一代数据库管理系统的诞生。软件系统的规模越来越大，复杂程度越来越高，软件可靠性问题也越来越突出。原来的个人设计、个人使用的方式不再能满足要求，迫切需要改变软件生产方式，提高软件生产率，软件危机开始爆发。

◇　答案与结论

通过了解上述案例分析，可以得出结论，本题答案为：软件危机。

◇　知识延伸

1968 年北大西洋公约组织的计算机科学家在联邦德国召开国际会议，第一次讨论软件危机问题，并正式提出"软件工程"一词，从此一门新兴的工程学科——软件工程学，为研究和克服软件危机应运而生。

软件工程学主要研究软件生产的客观规律性，建立与系统化软件生产有关的概念、原则、方法、技术和工具，指导和支持软件系统的生产活动，以达到降低软件生产成本、改进软件产品质量、提高软件生产率水平的目标，从硬件工程和其他人类工程中吸收了许多成功的经验，明确提出了软件生命周期的模型，发展了许多软件开发与维护阶段适用的技术和方法，并应用于软件工程实践，取得良好的效果。

【案例 6-2】下列关于计算机信息系统的叙述中，错误的是_____。
    A. 信息系统属于数据密集型应用，数据具有持久性
    B. 信息系统的数据可为多个应用程序所共享
    C. 信息系统是以提供信息服务为主要目的的应用系统
    D. 信息系统涉及的数据量大，必须存放在内存中

◇　案例分析

计算机信息系统是指由计算机及其相关配套的设备、设施(含网络)构成的，按照一定的应

用目标和规则对信息进行采集、加工、存储、传输、检索等处理的人机系统。其特征如下：

① 数据量大，有些系统的数据是海量的。

② 绝大部分数据是持久的，长期保存在外存储器中，不会因程序运行结束而消失，信息资源的使用具有非消耗性。

③ 数据往往为多个应用或多个用户共享，信息的发生、加工、应用，在空间、时间上的不一致性。

④ 信息系统除了具有采集、加工、存储、传输、检索等功能外，还可以向用户提供信息检索、统计报表、事务处理、分析、控制、预测、决策、报警、提示等多种信息服务。

◇　答案与结论

通过计算机信息系统的特征分析，不难看出"信息系统涉及的数据量大，必须存放在内存中"，因内存中的数据不具有持久性，答案为 D。

【案例 6-3】在数据库系统中最常用的是关系模型，关系模型的基本结构是_____。

A. 网络　　　　　B. 图　　　　　C. 二维表　　　　　D. 树

◇　案例分析

数据模型(Data Model)是数据特征的抽象，是数据库管理的教学形式框架。数据库系统中用以提供信息表示和操作手段的形式构架。数据模型包括数据库数据的结构部分、数据库数据的操作部分和数据库数据的约束条件。在数据库领域采用的数据模型有层次模型、网状模型和关系模型三种。

这三种模型是按其数据结构而命名的。前两种采用格式化的结构。在这类结构中实体用记录型表示，而记录型抽象为图的顶点。记录型之间的联系抽象为顶点间的连接弧。整个数据结构与图相对应。对应于树形图的数据模型为层次模型；对应于网状图的数据模型为网状模型。

关系模型为非格式化的结构，用单一的二维表的结构表示实体及实体之间的联系。满足一定条件的二维表，称为一个关系。

◇　答案与结论

由上述分析可知，关系数据模型的数据是二维表，即答案为 C。

◇　知识延伸

在用户观点下，关系模型中数据的逻辑结构是一张二维表，它由行和列组成。

1) 二维表格

关系模型中，字段称为属性，字段值称为属性值，记录类型称为关系模型。关系模式名是 R。记录称为元组，元组的集合称为关系或实例。一般用大写字母 A、B、C、…表示单个属性，用小写字母表示属性值。关系中属性的个数称为"元数"，元组的个数称为"基数"。有时也称关系为表格，元组为行，属性为列。

2) 关系的性质

关系是一种规范化的表格，它有以下性质：

① 关系中的每一个属性值都是不可分解的。

② 关系中不允许出现相同的元组。

③ 关系中不考虑元组之间的顺序。

④ 元组中属性也是无序的。

【案例 6-4】数据库管理系统(Database Management System DBMS)提供数据操纵语言(DML)及它的语言处理程序，实现对数据库数据的操作，这些操作主要包括数据更新和_____。

✧ 案例分析

数据库管理系统是一种操纵和管理数据库的大型软件，用于建立、使用和维护数据库。它对数据库进行统一的管理和控制，以保证数据库的安全性和完整性。DBMS 主要有以下功能。

1) 数据定义

DBMS 提供数据定义语言(Data Definition Language，DDL)，供用户定义数据库的三级模式结构、两级映像，以及完整性约束和保密限制等约束。DDL 主要用于建立、修改数据库的库结构。DDL 所描述的库结构仅仅给出了数据库的框架，数据库的框架信息被存放在数据字典(Data Dictionary)中。

2) 数据操作

DBMS 提供数据操作语言(Data Manipulation Language，DDL)，供用户实现对数据的追加、删除、修改、查询等操作。

3) 数据库的运行管理

数据库的运行管理功能是 DBMS 的运行控制、管理功能，包括多用户环境下的并发控制、安全性检查和存取限制控制、完整性检查和执行、运行日志的组织管理、事务的管理和自动恢复，即保证事务的原子性。这些功能保证了数据库系统的正常运行。

4) 数据组织、存储与管理

DBMS 要分类组织、存储和管理各种数据，包括数据字典、用户数据、存取路径等，需确定以何种文件结构和存取方式在存储级上组织这些数据，如何实现数据之间的联系。数据组织和存储的基本目标是提高存储空间利用率，选择合适的存取方法提高存取效率。

5) 数据库的保护

数据库中的数据是信息社会的战略资源，随数据的保护至关重要。DBMS 对数据库的保护通过 4 个方面来实现：数据库的恢复、数据库的并发控制、数据库的完整性控制、数据库安全性控制。DBMS 的其他保护功能还有系统缓冲区的管理以及数据存储的某些自适应调节机制等。

6) 数据库的维护

这一部分包括数据库的数据载入、转换、转储、数据库的重组合重构，以及性能监控等功能，这些功能分别由各个应用程序来完成。

7) 通信

DBMS 具有与操作系统的联机处理，分时系统及远程作业输入的相关接口，负责处理数据的传送。对网络环境下的数据库系统，还应该包括 DBMS 与网络中其他软件系统的通信功能以及数据库之间的互操作功能。

◇　答案与结论

由上 DBMS 的功能得知，数据操作语言的 DML 功能主要包括对数据的追加、删除、修改、查询，而数据追加、删除、修改是对数据库中的数据进行状态的更新，而查询操作是不改变数据库中的数据。因此答案为：查询。

【案例 6-5】判断：从数据管理技术来看，数据库系统与文件系统的重要区别之一是数据无冗余。

◇　案例分析

数据管理的规模日趋增大，数据量急剧增加，文件管理系统已不能适应要求，数据库管理技术为用户提供了更广泛的数据共享和更高的数据独立性，进一步减少了数据的余度，并为用户提供了方便的操作使用接口。

数据库系统对数据的管理方式与文件管理系统不同，它把所有应用程序中使用的数据汇集起来，以记录为单位存储，在数据库管理系统的监督和管理下使用，因此数据库中的数据是集成的，每个用户享用其中的一部分。

◇　答案与结论

数据库系统同文件系统相比，数据的冗余得到了降低，而不是杜绝数据冗余，如成绩管理数据库中有三张表：学生表(学号、姓名、性别、…)，课程表(课程号、课程名、…)及与这两张表相联系的选课表(学号、课程号、成绩)，这里显然学号、课程号是冗余数据，但又是不可缺少的，因此适的冗余对提高数据库操作效率是必要的。因此，题中的说法错误。

【案例 6-6】判断：信息系统中的数据一致性是指数据库中的数据类型一致。

◇　案例分析

数据库中的数据类型是指字段的取值类型，通常有字符型(如学生姓名)、数值型(如课程成绩)、逻辑型(真、假两种状态)、时间/日期型(如学生出生日期)等。

而数据的一致性是指表示客观世界同一事物状态的数据，不管出现在何时何处都是一致的、正确的、完整的。数据不一致性是指数据的矛盾性、不相容性。

◇　答案与结论

通过上面的分析，显然此说法混淆了两者的概念，故本例说法错误。

◇　知识延伸

产生数据不一致的原因主要有以下三种：一是由于数据冗余造成的；二是由于并发控制不当造成的；三是由于各种故障、错误造成的。

第一种情况的出现往往是由于重复存放的数据未能进行一致性地更新造成的。例如，教师工资的调整，如果人事处的工资数据已经改动了，而财务处的工资数据未改变，就会产生矛盾的工资数。

第二种情况是由于多用户共享数据库，而更新操作未能保持同步进行而引起。例如，在飞机票订购系统中，如果不同的两个购票点同时查询某张机票的订购情况，而且分别为顾客订购了这张机票，就会造成一张机票分别卖给两名顾客的情况。这是由于系统没有进行并发控制，所以造成了数据的不一致性。

第三种情况是由于某种原因(如硬件故障或软件故障)而造成数据丢失或数据损坏，要根据各种数据库维护手段(如转存、日志等)和数据恢复措施将数据库恢复到某个正确的、完整的、一致性的状态下。

数据库系统考虑了各种破坏数据一致性的因素，并采取了一些相应的措施来维护数据库的一致性。例如，提供了并发控制的手段，提供了存储、恢复、日志等功能。这里不加详述，有兴趣的读都可参阅数据库保护措施等相关内容。

【案例6-7】若属性 A 为关系 R 的主键，则 A 不能为_____或重值，这一约束称为关系的实体完整性。

❖ 案例分析

键，又称关键字，键由一个或几个属性组成，分为以下几种。

(1) 超键：在关系中能唯一标识元组的属性集称为关系模式的超键。

(2) 候选键：不含多余属性的超键称为候选键，即在候选键中，若要再删除属性，就不是键了。

(3) 主键：主关键字(主键，Primary Key)是从候选键中被挑选出来，主关键字又可以称为主键。它可以唯一确定表中的一行数据，或者可以唯一确定一个实体。主键的作用如下：

① 保证实体的完整性，也就主键值不能为空值。

② 加快数据库的操作速度。

③ 在表中添加新记录时，Access 会自动检查新记录的主键值，不允许该值与其他记录的主键值重复。

④ Access 自动按主键值的顺序显示表中的记录。如果没有定义主键，则按输入记录的顺序显示表中的记录。

❖ 答案与结论

综上分析，答案为：空值。

【案例6-8】判断："学生"实体集与"教室座位"实体集存在 1:1 的联系，表示一个座位只供一个学生就坐，而一个学生也只坐一个座位。如果某个座位暂无学生就坐，则就破坏了这两个实体集之间 1:1 联系的语义说明。

❖ 案例分析

概念模型的表示方法很多，其中最为著名和使用最为广泛的是 P. P. Chen 于 1976 年提出的 E-R(Entity-Relationship)模型。E-R 模型是直接从现实世界中抽象出实体类型及实体间的联系，是对现实世界的一种抽象，它的主要成分是实体、联系和属性。E-R 模型的图形表示称为 E-R 图。如图 6-1 所示，班级与学生构成的 E-R 图。

E-R 图通用的表示方式如下。

① 用矩形表示实体，在框内写上实体名。

② 用椭圆形表示实体的属性，并用无向边把实体和属性连接起来。

③ 用菱形表示实体间的联系，在菱形框内写上联系名，用无向边分别把菱形框与有关

实体连接起来，在无向边旁注明联系的类型。

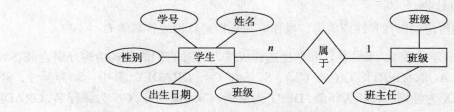

图 6-1　班级与学生构成的 E-R 图

联系的种类有三种：

(1) 一对一的联系。对于实体型 A 中的一个实体，在实体型 B 中至多有一个实体与之对应，反之对于实体型 B 中的一个实体，在实体型 A 中至多有一个实体与之对应。这样的联系被称为是一对一的联系。

(2) 一对多的联系。对于实体型 A 中的一个实体，实体型 B 中可以有若干个实体与之对应；反之，对于实体 B 中的一个实体，则实体型 A 中只能有一个实体与之对应。这样的联系被称为是一对多的联系。

(3) 多对多的联系。对于实体型 A 中的一个实体，实体型 B 中可以有若干个实体与之对应；反之，对于实体型 B 中的一个实体，则实体型 A 中也有若干个实体与之对应，这样的联系被称为是多对多的联系。

◇　答案与结论

通过对联系 1:1 的分析得知，如果某个座位暂无学生就坐，不会破坏了本例中两个实体集之间 1:1 联系的语义说明，故本例说法是错误的。

【案例 6-9】 已知关系模式：学生 S(学号，姓名，性别，出生日期，院系)，若查询所有男学生的全部属性信息，则应使用_____关系运算。

A. 投影　　　　　　B. 选择　　　　　　C. 连接　　　　　　D. 投影与选择的复合运算

◇　案例分析

专门的关系运算包括选择、投影、连接等。

1) 选择(Selection)

选择又称为限制(Restriction)。它是在关系 R 中选择满足给定条件的诸元组。因此选择运算实际上是从关系 R 中选取使逻辑表达式 F 为真的元组。这是从行的角度进行的运算。

2) 投影(Projection)

关系 R 上的投影是从 R 中选择出若干属性列组成新的关系。

3) 连接(Join)

连接运算中有两种最为重要也最为常用的连接，一种是等值连接(Equi-Join)，另一种是自然连接(Natural Join)。

等值连接是从关系 R 与 S 的笛卡尔积中选取 A、B 属性值相等的那些元组。

自然连接是一种特殊的等值连接，它要求两个关系中进行比较的分量必须是相同的属性组，并且要在结果中把重复的属性去掉。

一般的连接操作是从行的角度进行运算。但自然连接还需要取消了重复列，所以是同时从行和列的角度进行运算。

◆ 答案与结论

显然，本例给定的条件是性别为男，操作应为选择运算，故答案为 C。

【案例 6-10】设有学生表 S，课程表 C 和学生选课成绩表 SC，它们的模式结构分别为：S(S#，SN，SEX，AGE，DEPT)、C(C#，CN)、SC(S#，C#，GRADE)。其中：S#为学号，SN 为姓名，SEX 为性别，AGE 为年龄，DEPT 为系别，C#为课程号，CN 为课程名，GRADE 为成绩。若要查询学生姓名及其所选课程的课程号和成绩，正确的 SQL 查询语句为：_____。

A. SELECT S. SN，SC. C#，SC. GRADE FROM SC，S WHERE S. S#＝SC. S#；

B. SELECT S. SN，SC. C#，SC. GRADE FROM S WHERE S. S#＝S. S#；

C. SELECT S. SN，SC. C#，SC. GRADE FROM SC WHERE S. S#＝SC. GRADE；

D. SELECT S. SN，SC. C#，SC. GRADE FROM S，SC；

◆ 案例分析

对于 SQL 查询语句的书写，首先要看输出的字段内容，其次要看字段的来源，如果来自不同表，则要分析不同表之间的关联字段，通常在关联字段上进行自然连接。

本例中的输出字段为学生姓名(SN)及其所选课程的课程号(C#)和成绩(GRADE)，SN 分别来源于学生表 S，C#在课程表 C 中有，在选课成绩表 SC 中也有，GRADE 来源于选课成绩表 SC，因此可将 S 与 SC 在相同字段(S#)上进行自然连接即可得到 SN、C#、GRADE 三个输出字段。而自然连接的条件是：S. S# = SC. S#。

◆ 答案与结论

通过上面的分析，可以得到本例的 SQL 查询语句为

SELECT S. SN，SC. C#，SC. GRADE FROM SC ，S WHERE S. S# = SC. S#；

即答案为 A。

6.2 习　　题

一、单选题

1. 下列关于数据库系统特点的叙述中，正确的是_____。
   A. 数据库避免了所有数据重复的存储
   B. 数据的一致性是指数据库中的数据类型一致
   C. 数据库减少了数据冗余
   D. 数据共享是指各类用户均可任意访问数据库中的数据

2. 在数据库设计中，组成 E-R 图的成分有_____。
   A. 实体集、联系、属性　　　　　　　B. 关系、联系、属性
   C. 实体集、记录、字段　　　　　　　D. 文件、记录、字段

3. SQL 也称为结构化查询语言。在以下所列的内容中，基本 SQL 语言不可以创建的是_____。
   A. 视图　　　　B. 索引　　　　C. 日志文件　　　　D. 基本表

4. 在数据库系统中，数据的正确性、合理性及相容性(一致性)称为数据的_____。
　　A. 安全性　　　　　B. 保密性　　　　C. 完整性　　　　D. 共享性
5. 以下说法中，正确的是_____。
　　A. 信息系统开发成功以后，不再需要做纠正性维护
　　B. DBA 的主要职责在于数据库系统的评价
　　C. 保证了数据库的安全性也就保证了数据库的完整性
　　D. 针对数据库性能下降，数据库管理员需要对数据库的物理组织进行全面的调整
6. 下列关于计算机信息系统的叙述中，错误的是_____。
　　A. 信息系统属于数据密集型应用，数据具有持久性
　　B. 信息系统的数据可为多个应用程序所共享
　　C. 信息系统是以提供信息服务为主要目的的应用系统
　　D. 信息系统涉及的数据量大，必须存放在内存中
7. 在数据库设计中，数据库的概念模型独立于_____。
　　A. 具体的机器和 DBMS　　　　　　　B. E-R 图
　　C. 信息世界　　　　　　　　　　　　D. 现实世界
8. 在数据库管理系统中，常采用封锁机制以实现_____。
　　A. 完整性约束　　B. 安全性控制　　C. 并发控制　　D. 数据备份
9. 在信息系统开发中，数据库系统设计分在数据库系统中最常用的是关系模型，关系模型的基本结构是_____。
　　A. 网络　　　　　　B. 图　　　　　　C. 二维表　　　　D. 树
10. 下列关于数字图书馆的描述中，错误的是_____。
　　A. 它是一种拥有多种媒体、内容丰富的数字化信息资源
　　B. 它是一种能为读者方便、快捷地提供信息的服务机制
　　C. 它支持数字化数据、信息和知识的整个生命周期的全部活动
　　D. 现有图书馆的藏书全部数字化并采用计算机管理就实现了数字图书馆
11. 下列联系中，属于一对一联系的是_____。
　　A. 车间对职工的所属联系　　　　　　B. 学生与课程的选课联系
　　C. 班长对班级的所属联系　　　　　　D. 供应商与工程项目的供货联系
12. SQL 查询语句形式为"SELECT A FROM R WHERE F"，其中 A、R、F 分别对应于_____。
　　A. 列名或列表达式，基本表或视图，条件表达式
　　B. 视图属性，基本表，条件表达式
　　C. 列名或条件表达式，基本表，关系代数表达式
　　D. 属性序列，表的存储文件，条件表达式
13. 已知关系模式：学生 S(学号，姓名，性别，出生日期，院系)，若查询所有男学生的全部属性信息，则应使用_____关系运算。
　　A. 投影　　　　　　B. 选择　　　　　C. 连接　　　　　D. 除法
14. SQL 的 SELECT 语句中，利用 WHERE 子句能实现关系操作中的_____操作。
　　A. 选择　　　　　　B. 投影　　　　　C. 连接　　　　　D. 除法
15. 按照企事业单位中服务对象的不同，业务信息处理系统可以分为操作层处理系统、管理层业务处理系统和_____。

A. 知识层业务处理系统　　　　　B. 决策层业务处理系统

C. 经理层业务处理系统　　　　　D. 专家层业务处理系统

16. SQL 语言所具有的主要功能包括_____。

A. 数据定义，数据操纵，数据控制

B. 关系定义，关系规范化，关系逆规范化

C. 数据定义，流程控制，数据转移

D. 数据分析，流程定义，流程控制

17. 按照信息系统的定义，下面所列的应用中，不属于管理信息系统的是_____。

A. 民航订票系统　　　　　　　　B. 银行信用卡支付系统

C. 图书馆信息检索系统　　　　　D. 计算机辅助设计系统

18. 按照信息系统的定义，下面所列的应用中，不属于管理业务系统的是_____。

A. 民航订票系统　　　　　　　　B. 银行信用卡支付系统

C. Web 信息检索系统　　　　　　D. 人事管理系统

19. SQL 语句中，SELECT 子句能实现关系操作中的_____操作。

A. 选择　　　　B. 投影　　　　C. 连接　　　　D. 除法

20. 按照交易双方分类，电子商务有四种类型，其中不包含_____的电子商务。

A. 企业内部　　　　　　　　　　B. 企业与客户之间

C. 企业间　　　　　　　　　　　D. 政府间

21. 下面关于关系数据模型的描述中，错误的是_____。

A. 关系的操作结果也是关系

B. 关系数据模型中，实体集、实体集之间的联系均用二维表表示

C. 关系数据模型的数据存取路径对用户透明

D. 关系数据模型与关系数据模式是两个相同的概念

22. 在信息系统结构的四个层次中，以多媒体等丰富的形式向用户展现信息的是_____。

A. 基础设施层　　B. 应用表现层　　C. 业务逻辑层　　D. 资源管理层

23. ERP、MRP Ⅱ 与 CIMS 都属于_____。

A. 地理信息系统　　　　　　　　B. 电子政务系统

C. 电子商务系统　　　　　　　　D. 制造业信息系统

24. DDL 语言是 SQL 语言的一部分，称为数据定义语言。它的功能是_____。

A. 实现对数据库的检索、插入、修改和删除

B. 描述数据库的关系模式结构，为用户建立数据库提供手段

C. 提供数据的初始装入、数据转出、数据库恢复、数据库重构

D. 用于数据的安全性控制、完整性控制、并发控制和通信控制

25. DBMS 是_____的英文缩写。

A. 数据库　　　　　　　　　　　B. 数据库系统

C. 数据库服务　　　　　　　　　D. 数据库管理系统

26. 下列有关数据库技术主要特点的叙述中，错误的是_____。

A. 能实现数据的快速查询　　　　B. 可以实现数据的统一管理和控制

C. 可以完全避免数据的冗余　　　D. 可提高数据的安全性

27. 业务信息处理系统是使用计算机进行日常业务处理的信息系统，下列不属于业务信息处

理系统的是_____。
　A. 人力资源管理系统　　　　　　B. 财务管理系统
　C. 决策支持系统　　　　　　　　D. 办公自动化系统

28. 下列有关决策支持系统(DSS)的叙述中，错误的是_____。
　A. DSS 主要解决半结构化和非结构化问题
　B. DSS 以计算机为工具，帮助决策者进行决策
　C. DSS 进行辅助决策所需数据只来自单位内部操作层和管理层的信息
　D. DSS 是人机交互的计算机信息系统

29. 下面关于决策支持系统的叙述中，错误的是_____。
　A. 决策支持系统提供分析问题、建立模型、模拟决策过程和方案的环境
　B. 决策支持系统所需数据源仅来自于单位内部操作层和管理层的信息，它的使用者是操作和管理人员
　C. 决策支持系统进行辅助决策的技术有模型库、方法库、数据库、数据仓库、联机分析及规则挖掘等
　D. 决策支持系统中所处理的数据一般是半结构化的或非结构化的

30. 下面关于文本检索的叙述，其中错误的是_____。
　A. 文本检索系统返回给用户的查询结果都是用户所希望的结果
　B. 全文检索允许用户对文本中所包含的字串或词进行查询
　C. 用于 Web 信息检索的搜索引擎大多采用全文检索
　D. 检索信息时用户首先要给出查询要求，然后由文本检索系统将查询结果返回给用户

31. 信息系统中，分散的用户不但可以共享包括数据在内的各种计算机资源，而且还可以在系统的支持下，合作完成某一工作，如共同拟订计划、共同设计产品等。这已成为信息系统发展的一个趋势，称为_____。
　A. 计算机辅助协同工作　　　　　B. 功能智能化
　C. 系统集成化　　　　　　　　　D. 信息多媒体化

32. 信息处理系统是综合使用信息技术的系统。下面叙述中错误的是_____。
　A. 信息处理系统从自动化程度来看，有人工的、半自动的和全自动的
　B. 银行以识别与管理货币为主，不必使用先进的信息处理技术
　C. 信息处理系统是用于辅助人们进行信息获取、传递、存储、加工处理及控制的系统
　D. 从技术上看，信息处理系统可以分为机械的、电子的和光学的

33. 下面列出的特点中，_____不是数据库系统的特点。
　A. 无数据冗余　　　　　　　　　B. 采用一定的数据结构
　C. 数据共享　　　　　　　　　　D. 数据具有较高的独立性

34. 专家系统从诞生到现在，已经应用在许多领域。下面_____不属于专家系统的应用。
　A. 医疗诊断系统　　　　　　　　B. 语音识别系统
　C. 金融决策系统　　　　　　　　D. 办公自动化系统

35. 为提高系统运行的有效性而对系统的硬件、软件和文档所做的修改和完善都称为系统维护。在下列选项中不属于系统维护内容的是_____。
　A. 纠正应用软件设计中遗留的错误
　B. 适应硬件和软件环境更改应用程序

C. 数据库转储和建立日志文件

D. 重构数据库所有模式以适应新的需求

36. 下面关于 E-R 图转换成关系模式的说法中，错误的是_____。

　　A. 一个实体集一般转换成一个关系模式

　　B. 实体集转换成关系模式，二者的主键是一致的

　　C. 每个联系均可转换成相应的关系模式

　　D. 联系的属性必须转换为相应的关系模式

37. 在信息系统开发中，使用 CASE(计算机辅助软件工程)工具是为了_____。

　　A. 使管理人员便于管理　　　　　　　B. 最终用户使用方便

　　C. 提高软件通用性　　　　　　　　　D. 软件开发人员提高生产效率和软件质量，
　　　　　　　　　　　　　　　　　　　　降低成本

38. 下列内容中，均属于计算机信息系统层次结构组成部分的是_____。①基础设施层　②数据抽象层　③用户模式层　④业务逻辑层　⑤资源管理层　⑥应用表现层

　　A. ①②③④　　　　B. ①④⑤⑥　　　　C. ③④⑤⑥　　　　D. ①②④⑥

39. 下列软件产品都属于数据库管理系统软件的是_____。

　　A. FoxPro、SQL Server、FORTRAN　　B. SQL Server、Access、Excel

　　C. Oracle、SQL Server、FoxPro　　　D. UNIX、Access、SQL Server

40. 一个典型的远程教育的内容主要包括_____。

　　A. 课程学习　　　B. 远程考试　　　C. 远程讨论　　　D. 以上都是

41. 下列四项中，说法错误的是_____。

　　A. SQL 是关系数据库的国际标准语言

　　B. SQL 具有数据定义、查询、操纵和控制功能

　　C. SQL 可以自动实现关系数据库的规范化

　　D. SQL 是一种非过程语言

42. 在信息处理系统中，ES 是_____的简称。

　　A. 业务信息处理系统　　　　　　　　B. 信息检索系统

　　C. 信息分析系统　　　　　　　　　　D. 专家系统

43. 下列有关信息检索系统的叙述中，正确的是_____。

　　A. 信息检索系统是业务信息处理系统中的一种

　　B. 信息检索系统分为目录检索系统和全文检索系统

　　C. 信息分析系统是信息检索系统中的一种

　　D. 专家系统是信息检索系统中的一种

44. 下列名词不属于计算机辅助技术系统的是_____。

　　A. CAD　　　　　　B. CAPP　　　　　　C. CEO　　　　　　D. CAM

45. 系统中信息资源的访问控制是通过授权管理实现的。下面关于授权管理的叙述错误的是_____。

　　A. 授权管理可以保证对信息的访问进行有序的控制

　　B. 授权管理负责对系统内的所有信息进行集中管理

　　C. 正确的授权管理应当保证对信息资源的控制是确定的、没有冲突的

　　D. 授权管理为每个用户分别设立权限控制，即所有用户的权限都不相同

46. Oracle 数据库管理系统采用_____数据模型。
    A. 层次　　　　　　B. 关系　　　　　　C. 网状　　　　　　D. 面向对象
47. 下列信息系统中，属于专家系统的是_____。
    A. 办公信息系统　　　　　　　　　　B. 信息检索系统
    C. 医疗诊断系统　　　　　　　　　　D. 电信计费系统
48. 下列选项中，不属于 CIMS 系统的是_____。
    A. CAI　　　　　B. CAD　　　　　C. CAM　　　　　D. ERP
49. 一般信息系统分为四个层次，其最外层向用户提供应用操作界面，即_____。
    A. 操作系统和网络层　　　　　　　　B. 数据管理层
    C. 用户接口层　　　　　　　　　　　D. 应用层
50. 在学生表 STUD 中查询所有小于 20 岁的学生姓名(XM)及其年龄(SA)。可用的 SQL 语句是_____。
    A. SELECT XM，SA FROM STUD FOR SA < 20
    B. SELECT XM，SA FROM STUD WHERE SA < 20
    C. SELECT XM，SA ON STUD FOR SA < 20
    D. SELECT XM，SA ON STUD WHERE SA < 20
51. 在业务处理系统中，主要用于对日常业务工作的数据进行记录、查询和处理的是_____。
    A. 辅助技术系统　　　　　　　　　　B. 办公信息系统
    C. 操作层业务处理系统　　　　　　　D. 信息分析系统
52. 在信息系统的结构化生命周期开发方法中，绘制 E-R 图属于_____阶段的工作。
    A. 系统规划　　　B. 系统分析　　　C. 系统设计　　　D. 系统实施
53. 关系数据模式中的关键字是指_____。
    A. 能唯一决定关系的字段　　　　　　B. 不可改动的专用保留字
    C. 关键的很重要的字段　　　　　　　D. 能唯一标识元组的属性或属性组
54. 设有关系模式 R(A，B，C)，其中 A 为主键，则以下不能完成的操作是_____。
    A. 从 R 中删除 2 个元组
    B. 修改 R 第 3 个元组的 B 分量值
    C. 把 R 第 1 个元组的 A 分量值修改为 Null
    D. 把 R 第 2 个元组的 B 和 C 分量值修改为 Null
55. 设有学生关系表 S(学号，姓名，性别，出生年月)，共有 100 条记录，执行 SQL 语句：DELETE FROM S 后，结果为_____。
    A. 删除了 S 表的结构和内容　　　　　B. S 表为空表，但其结构被保留
    C. 没有删除条件，语句不执行　　　　D. 仍然为 100 条记录
56. 在城市建设、土地规划、房地产管理等应用领域中使用的信息系统通称为_____。
    A. 办公自动化系统　　　　　　　　　B. 决策系统
    C. 遥感系统　　　　　　　　　　　　D. 地理信息系统
57. 在对关系 R 和 S 进行差操作时，要求 R 和 S 满足下列要求_____。
    A. R 的元组个数多于 S 的元组个数　　B. R 和 S 有相同的模式结构
    C. R 和 S 不能为空关系　　　　　　　D. R 不能为空关系，但 S 可以为空关系

58. 数据库管理系统常采用转储和日志技术来恢复系统,日志文件主要是用于记录_____。
    A. 程序运行过程   B. 对数据的所有操作
    C. 对数据的所有更新操作   D. 程序执行的结果

59. 数据库管理系统能对数据库中的数据进行查询、插入、修改和删除等操作,这种功能称为_____。
    A. 数据库控制功能   B. 数据库管理功能
    C. 数据定义功能   D. 数据操纵功能

60. 关系 R 与关系 S 并相容,是指_____。
    A. R 和 S 的元组个数相同
    B. R 和 S 模式结构相同且其对应属性取值同一个域
    C. R 和 S 的属性个数相同
    D. R 和 S 的元组数相同且属性个数相同

61. 数据库设计的任务之一是设计出包括_____的数据模式。
    A. 网状模式、层次模式和关系模式
    B. 流程模式、字典模式和逻辑模式
    C. 分析模式、设计模式和运行模式
    D. 用户模式、逻辑模式和存储模式

62. 设关系 R 和关系 S 的元组个数分别是 4 和 5,关系 T 是 R 与 S 的广义笛卡尔积,即 T = R×S,则关系 T 的元组个数是_____。
    A. 9   B. 16   C. 20   D. 81

63. 关系数据库系统中使用视图可以提高数据库系统的_____。
    A. 完整性   B. 并发控制   C. 独立性   D. 安全性

64. 关系数据库的数据操纵语言(DML)主要包括的两类操作是_____。
    A. 插入和删除   B. 查询和编辑   C. 查询和更新   D. 统计和修改

65. 关系数据库标准语言 SQL 的 SELECT 语句具有很强的查询功能,关系代数中最常用的"投影"、"选择"操作在 SELECT 语句中可通过以下两个子句体现_____。
    A. FROM 子句和 WHERE 子句
    B. SELECT 子句和 WHERE 子句
    C. ORDER BY 子句和 WHERE 子句
    D. WHERE 子句和 GROUP BY 子句

66. 关系是一种规范化二维表中行的集合,下列有关关系的叙述中,错误的是_____。
    A. 每个属性对应一个值域,不同的属性不能有相同的值域
    B. 关系中所有的域都应是原子数据
    C. 关系中不允许出现相同的元组
    D. 表中元组的次序可以交换

67. 关系模型是把实体之间的联系用_____来表示。
    A. 二维表格   B. 树   C. 图   D. E-R 图

68. 关系代数中的投影运算对应 SELECT 语句中的_____子句。
    A. SELECT   B. FROM   C. WHERE   D. GROUP BY

69. 关系代数运算中花费时间最长的操作是_____。
    A. 投影　　　　　B. 除法　　　　　C. 选择　　　　　D.广义笛卡尔积
70. 以下关于数据库的描述中，错误的是_____。
    A. 数据库中数据是按照某种数据模型进行组织的
    B. 数据库是相关结构化数据的集合
    C. 数据库中除了存储数据外，还存储了"元数据"
    D. 一个数据库系统中可以使用多种数据模型
71. 数据库管理系统是_____。
    A. 应用软件　　　B. 操作系统　　　C. 系统软件　　　D. 编译系统
72. 日常所说的"IT行业"一词中，"IT"的确切含义是_____。
    A. 交互技术　　　B. 信息技术　　　C. 制造技术　　　D. 控制技术
73. 假定学生关系模式是S(学号，姓名，性别，年龄)，课程关系模式是C(课程号，课程名，学时数)，选课关系模式是SC(学号，课程号，成绩)，要查找选修课程名为"信息技术"的所有女学生的姓名，将涉及的关系有_____。
    A. S　　　　　　B. C、SC　　　　C. S、SC　　　　D. S、C、SC
74. 假定学生关系模式是S(学号，姓名，性别，年龄)，课程关系模式是C(课程号，课程名，学时数)，选课关系模式是 SC(学号，课程号，成绩)，要查找选修课程号为"MA001"的所有女学生的姓名，将涉及到关系最少的是_____。
    A. S　　　　　　B. C、SC　　　　C. S、SC　　　　D. S、C、SC
75. 计算机集成制造系统的英文缩写是_____。
    A. CIMS　　　　B. CAD　　　　　C. CAM　　　　　D. CAPP
76. 计算机辅助设计的英文缩略词是_____。
    A. CIMS　　　　B. CAD　　　　　C. CAM　　　　　D. CAPP
77. 以下所列各项中，_____不是计算机信息系统的特点。
    A. 涉及的数据量大
    B. 大多数数据为多个应用程序所共享
    C. 可向用户提供信息检索，统计报表等信息服务
    D. 数据是临时的，随程序运行的结束而消失
78. 计算机集成制造系统(CIMS)一般由_____两部分组成。
    A. 专业信息系统和销售信息系统　　　B. 技术信息系统和信息分析系统
    C. 技术信息系统和管理信息系统　　　D. 决策支持系统和管理信息系统
79. 在SQL数据库三级体系结构中，用户可以用SQL语言对_____进行查询。
    A. 基本表和存储文件　　　　　　　　B. 存储文件和视图
    C. 视图和存储文件　　　　　　　　　D. 基本表和视图
80. 有一个关系模式：学生(学号，姓名，性别)，规定其主键(学号)的值域是8个数字组成的字符串，这一规则属于_____。
    A. 用户自定义完整性约束　　　　　　B. 实体完整性约束
    C. 参照完整性约束　　　　　　　　　D. 主键完整性约束
81. 设关系模式R有50个元组，关系模式S有30个元组，则R与S作并运算后得到的新的关系模式中的元组个数一定为_____。

    A. 80 个   B. 50 个   C. 30 个   D. ≤80 个

82. 人事档案管理系统属于_____。

    A. 数据库   B. 数据库系统

    C. 数据库管理系统   D. 数据库应用系统

83. 设关系 R 与关系 S 具有相同的属性个数，且相对应属性的值取自同一个域，则关系 R 与
关系 S 进行并操作，其结果由_____组成。

    A. 属于 R，但不属于 S 的元组   B. 属于 R 的元组和属于 S 的元组

    C. 既属于 R 又属于 S 的元组   D. R 的元组后接 S 的元组

84. 软件工程的概念出现于 20 世纪_____。

    A. 70 年代   B. 80 年代   C. 50 年代   D. 60 年代

85. 若"学生—选课—课程"数据库中的三个关系是：S(S#, SNAME, SEX, AGE), SC(S#,
C#, GRADE), C(C#, CNAME, TEACHER)，其中 S#为学号，C#为课程号，CNAME
为课程名，GRADE 为成绩。查找学号为"200301188"学生的"数据库"课程的成绩，
至少要使用关系_____。

    A. S 和 SC   B. SC 和 C   C. S 和 C   D. S、SC 和 C

86. 若关系 A 和 B 的模式不同，其查询的数据需要从这两个关系中获得，则必须使用_____
关系运算。

    A. 投影   B. 选择   C. 连接   D. 除法

87. 若有 SQL 编写(已编译)的某校学生成绩管理程序 A、数据库管理系统 DBMS 和 Windows
操作系统，当计算机运行程序 A 时，这些软件之间的支撑关系为(用→表示)_____。

    A. Windows→DBMS→A   B. DBMS→A→Windows

    C. A→Windows→DBMS   D. Windows→A→DBMS

88. 管理信息系统的功能一般不包括_____。

    A. 数据处理   B. 信息检索   C. 辅助决策   D. 过程控制

89. 用二维表来表示实体集及实体集之间联系的数据模型称为_____。

    A. 层次模型   B. 网状模型   C. 关系模型   D. 面向对象模型

90. 关于数据的逻辑结构与存储结构之间的关系，下述说法中正确的是_____。

    A. 两者没有任何关系

    B. 逻辑结构是指数据元素间的逻辑关系，它决定了数据在计算机中的存储方式

    C. 存储结构讨论在计算机中怎样存储数据，与逻辑结构无关

    D. 数据的存储结构是逻辑结构在计算机存储器中的实现

91. 在关系数据模式中，若属性 A 是关系 R 的主键，则 A 不能接受空值或重值，这是由关
系数据模型_____规则保证的。

    A. 实体完整性   B. 引用完整性

    C. 用户自定义完整性   D. 默认

92. 从 E-R 模型向关系模型转换，一个 $m:n$ 的联系转换成一个关系模式时，该关系模式的主
键为_____。

    A. m 端实体集的主键

    B. n 端实体集的主键

    C. m 端实体集的主键和 n 端实体集的主键的组合

D. 重新选取其他属性

93. 系统设计的正确步骤是_____。
    A. 逻辑设计→概念设计→物理设计　　B. 物理设计→概念设计→逻辑设计
    C. 逻辑设计→物理设计→概念设计　　D. 概念设计→逻辑设计→物理设计

94. 以下关于 SQL 视图的描述中，正确的是_____。
    A. 视图是一个虚表，并不存储数据
    B. 视图同基本表一样以文件形式进行存储
    C. 视图只能从基本表导出
    D. 对视图的修改与基本表一样，没有限制

95. 计算机图书管理系统中的图书借阅处理，属于_____系统。
    A. 管理层业务　　　　　　　　　　B. 知识层业务
    C. 操作层业务　　　　　　　　　　D. 决策层业务

96. 下列_____不是关系代数操作中的基本操作，即它可以用其他基本操作来表达。
    A. 并　　　　　B. 差　　　　　C. 交　　　　　D. 选择

97. 在结构化软件开发方法中，系统分析阶段采用_____的方法对系统进行分析。
    A. 由局部到整体抽象化　　　　　　B. 面向过程兼顾信息需求
    C. 自下而上，综合集成　　　　　　D. 自顶而下，逐层分解

98. 从信息学的角度看，业务信息处理系统是_____的处理系统。
    A. 一次信息　　　B. 二次信息　　　C. 三次信息　　　D. 四次信息

99. 关系操作中的投影运算对应 SELECT 语句中_____子句。
    A. SELECT　　　　B. FROM　　　　C. WHERE　　　　D. GROUP BY

100. 从关系的属性中取出所需属性列，由这些属性列组成新关系的操作称为_____。
    A. 交　　　　　B. 连接　　　　C. 选择　　　　D. 投影

101. 当多个用户访问数据库时，为了防止多个事务同时对同一数据进行操作而发生冲突，必须进行_____。
    A. 完整性控制　　B. 安全性控制　　C. 并发控制　　D. 访问控制

102. 以下关于数据库的描述中，正确的是_____。
    A. 数据库是按照某种数据模型进行组织的
    B. 数据库有表只能是基表
    C. 数据库的数据存放在内存中
    D. 用户通过数据库的物理模式使用数据

103. 常用的关系数据库管理系统产品 Microsoft SQL Server 属于_____模型。
    A. 关系　　　　　B. 层次　　　　C. 网状　　　　D. E-R

104. 下列各种因素中，_____不是引起"软件危机"的主要原因。
    A. 对软件需求分析的重要性认识不够
    B. 软件开发过程难于进行质量管理和进度控制
    C. 随着问题的复杂度增加，人们开发软件的效率下降
    D. 随着社会和生产的发展，软件无法存储和处理海量数据

105. 下列关于"信息化"的叙述中，错误的是_____。
    A. 信息化是当今世界经济和社会发展的大趋势
    B. 我国目前的信息化水平已经与发达国家的水平相当

C. 信息化与工业化是密切联系又有本质区别的

D. 各国都把加快信息化建设作为国家的发展战略

106. 以下关于关系模型的完整性约束的描述，错误的是_____。

A. 完整性约束可以保证数据库中数据的正确性

B. 引用完整性反映了数据库中相关数据的正确性

C. 根据完整性约束规则，主键可以接受空值，外键不允许为空值

D. 完整性约束规则可以是用户自定义的规则

107. 下列关于 SQL 叙述中，错误的是_____。

A. SQL 是关系数据库的标准语言

B. SQL 具有数据定义、查询、操纵和控制功能

C. SQL 可以自动实现关系数据库的规范化

D. SQL 是一种非过程语言

108. 从信息处理的深度看，信息系统中的所谓三次信息是指_____。

A. 通过相应的数学模型、统计技术等手段获得的以供决策者决策的概括性信息

B. 信息系统中所有的原始数据

C. 信息系统中为了掌握业务运行情况，而提供的各种统计报表数据

D. 数据库中存储的数据

109. 为了适应软硬件环境变化而修改应用程序的过程属于_____。

A. 改正性维护　　　　　　　　　B. 完善性维护

C. 适应性维护　　　　　　　　　D. 预防性维护

110. 数据库在_____上的存储结构与存取方法称为数据库的物理结构。

A. 虚拟存储器　　B. 内存储器　　C. 外存储器　　D. Cache

111. 根据信息处理的深度对信息系统分类，计算机辅助制造(CAM)属于_____。

A. 操作层业务处理系统　　　　　B. 管理层业务处理系统

C. 知识层业务处理系统　　　　　D. 办公信息系统

112. 以下选项中，不属于数据库管理员职责的是_____。

A. 维护数据的完整性和安全性

B. 数据库的备份与恢复

C. 批准资金投入进行数据库维护

D. 监视数据库的性能，必要时进行数据库的重组和重构

113. 为了保护数据库系统的安全性，采用了许多安全技术，以下所列各项中，_____不是主要的安全技术。

A. 访问控制　　B. 数据加密　　C. 审计功能　　D. 并发控制

114. 以下所列关于关系特征的描述中，错误的是_____。

A. 每个属性对应一个域，不同属性必须给出不同的属性名

B. 关系中所有属性都是原子数据

C. 关系中出现相同的元组是允许的

D. 关系中元组的次序和属性的顺序都是可以交换的

115. 以下所列关系操作中，只以单个关系作为运算对象的是_____。

A. 投影　　　　B. 并　　　　C. 差　　　　D. 交

116. 当今大多数信息系统均以_____为基础进行数据管理。
   A. 手工管理　　　　B. 文件系统　　　　C. 数据库系统　　　　D. 模块

117. 对一个合理设计的数据库而言，在原来设计的基础上对数据库的逻辑模式进行适当的扩充和修改，这叫做数据库的_____。
   A. 重构　　　　　　B. 重建　　　　　　C. 重组　　　　　　D. 改进

118. 系统分析是采用系统工程的思想和方法，把复杂的对象分解成简单的组成部分，提出这些部分所需数据的基本属性和彼此间的关系。以下不属于系统分析任务的是_____。
   A. 分析数据需求　　　　　　　　　　B. 分析处理需求
   C. 分析安全与完整性的要求　　　　　D. 分析系统对 DBMS 和 OS 的需求

119. 以下所列 4 个方法中，_____不是信息系统的开发方法。
   A. 生命周期法　　　　　　　　　　　B. 面向对象(OOM)方法
   C. 企业资源计划(ERP)方法　　　　　D. 计算机辅助软件工程(CASE)方法

120. 在计算机集成制造系统中，ERP 的含义是_____。
   A. 计算机辅助设计　　　　　　　　　B. 计算机辅助制造
   C. 物料需求计划系统　　　　　　　　D. 企业资源计划

121. 在计算机集成制造系统中，MRP Ⅱ 的含义是_____。
   A. 计算机辅助设计　　　　　　　　　B. 计算机辅助制造
   C. 物料需求计划系统　　　　　　　　D. 制造资源计划系统

122. 以下说明中的术语分别来自关系模型、程序员和用户，其中具有正确对应关系的是_____。
   A. 关系模式、文件和表　　　　　　　B. 二维表、记录和行
   C. 元组、记录和行　　　　　　　　　D. 属性、记录和列

二、填空题

1. 著名的 Oracle 数据库管理系统采用的是_____数据模型。

2. 在关系模式 D(DEPTNO，DEPT)中，关系名是_____。

3. _____是数据库系统的核心软件，具有对数据定义、操纵和管理的功能。

4. 政府机构运用网络通信和计算机技术，将政府管理和服务在互联网络实现的方式称为_____。

5. GIS 的中文含义是_____。

6. 20 世纪 60 年代后期，以数据的集中管理和共享为特征的数据库系统逐步取代了_____系统，成为数据管理的主要形式。

7. 在全球范围内建立一个以空间位置为主线，将信息组织起来的复杂信息系统，我们把它称为_____。

8. 在信息系统的四层结构中，其最低一层包括了支持信息系统运行的硬件、软件和网络，这一层称为_____。

9. 若表 A 中的每一个记录，表 B 中至多有一个记录与之联系，反之亦然，则称表 A 与表 B 之间的联系类型是_____。

10. 在数据库系统中，数据的独立性包括数据的物理独立性和数据的_____独立性两方面的内容。

11. DBMS 把_____作为应用程序执行的基本单元,它包括一系列的数据库操作语句,并规定这些操作"要么全做,要么全不做"。

12. 能够唯一标识二维表中元组的属性或属性组,称为该二维表的_____。

13. 在信息系统开发中,数据库系统设计分为三个阶段,依次为概念结构设计、逻辑结构设计和_____结构设计。

14. 在信息系统开发中,除了软件工程技术外,最重要的技术是基于_____系统的设计技术。

15. "D-LiB"的中文含义是_____。

16. 在系统实施阶段,设计人员要做两方面工作:一是用关系 DBMS 定义数据库的_____和物理结构,二是进行功能程序设计。

17. 在企业管理信息系统中,除了联机事务处理一类应用外,还有一类侧重于决策人员的需求,可进行快速查询和分析处理的应用,称其为_____。

18. 已知图书管理系统包含一张图书表,其模式为:图书表(书号,书名,出版社,作者,馆藏册数)。要查找借阅书号为"B001"的书名、作者和出版社,可用 SQL 语句:SELECT 书名,作者,出版社 FROM_____WHERE 书号 = "B001"。

19. 关系数据库中,有一类专指任何类型属性处于未知状态的"值",这些"值"(或状态)称作_____。

20. 关系数据库设计的基本任务是按需求和系统支持环境,设计出_____以及相应的应用程序。

21. 关系模式 XS(XH, XM, XB, NL, CSRQ)中,关系名为_____。

22. 根据侧重点的不同,数据库设计分为过程驱动的设计方法和_____驱动的设计方法两种。

23. 通常认为,_____是指对整个贸易活动实现电子化。

24. 所谓数据独立性,是指数据的逻辑和物理结构与_____之间不存在相互依赖关系。

25. 信息系统从规划开始,经过分析、设计、实施直到投入运行,并在使用过程中随其运行环境的变化而不断修改,直到不再适应需要的时候被淘汰,这种周期循环称为信息系统的_____。

26. 电子商务 B-B 是指_____间的电子商务。

27. 需求分析的重点是对"数据"和"处理"进行分析,通过调研和分析,应获得用户对数据库的基本要求,即_____、处理需求、安全与完整性的要求等。

28. 软件工程中,缩写词 CASE 的中文含义是_____。

29. 若属性 A 为关系 R 的主键,则 A 不能为_____或重值,这一约束称为关系的实体完整性。

30. 有一数据库关系模式 R(A, B, C, D),对应于 R 的一个关系中有 3 个元组,若从集合数学的观点看,对其进行任意的行和列位置交换操作(如行的排序等),则可以生成_____个新的关系(用数值表示)。

31. 数据库关系模式 S(A1, A2)的一个关系中有三个元组,若从集合论的角度分析,对关系 S 进行行位置和列位置交换操作(如行的排序),则可生成_____个新的关系。(填一个确定数值)

32. 使用_____系统进行辅助决策所采用的技术有模型库、方法库、数据库、数据仓库、联机分析以及规则挖掘等。

33. 在 C/S 模式的网络数据库体系结构中,应用程序都放在_____上。

34. 一种将领域专家的知识和经验组织在计算机中并能按专家的思维推理规则最后作出判断

和决策的计算机信息系统，通常称为_____系统。

35. 有下列关系模式：学生关系：S(学号，姓名，性别，年龄)、课程关系：C(课程号，课程名，教师)、选课关系：SC(学号，课程号，成绩)。若需查询选修课程名为"大学计算机信息技术"的学生姓名，其 SQL-SELECT 语句将涉及_____个关系。

36. 利用计算机及计算机网络进行教学，使得学生和教师可以异地完成教学活动的一种教学模式称为_____。

37. 一种拥有多种媒体，内容丰富的数字化信息资源库，并能为读者提供方便、快捷地信息服务的机制称为数字图书馆，它的英文缩写是_____。

38. 视图是 DBMS 提供的一种以用户模式观察数据库中数据的重要机制，在 SQL 中可用 CREATE_____语句建立视图(填语句标识符)。

39. 已知图书管理系统包含 1 张图书关系表，其模式为：图书表(书号，书名，出版社，作者，馆藏册数)。要查找书号为"B002"的图书的书名、出版社、作者和馆藏册数，可用 SQL 语句：SELECT 书名，出版社，作者，馆藏册数 FROM 图书表 WHERE_____。

40. 按照交易的双方分类，电子商务可以分为 4 种类型：(1)企业内部的电子商务，(2)_____(用英文缩写)，(3)B-B，(4)企业与政府间的电子商务。

41. 按照使用的网络类型分类，电子商务目前有三种形式：一是基于 EDI 的电子商务；二是基于_____的电子商务；三是基于 IntrAnet/ExtrAnet 的电子商务。

42. 数据库管理系统(DBMS)提供数据操纵语言(DML)及它的语言处理程序，实现对数据库数据的操作，这些操作主要包括数据更新和_____。

43. 数据库经过一段时间运行后，数据库性能会下降，这时 DBA 可对数据库进行重组，即对数据库的物理组织进行一次全面的调整，按原计划要求重新安排存储位置，这个过程称为_____。

44. 数据库物理结构设计的目标是：一是提高数据库的性能；二是有效地利用_____。

45. 在 SQL 中，_____只是一个虚表，在数据字典中保留其逻辑定义，而不作为一个表实际存储数据。

46. 可为决策者提供分析问题、建立模型、模拟决策过程和方案的环境，并可调用各种信息资源和分析工具的信息系统称为_____。

三、判断题

1. 访问控制是防止对数据库进行非法访问的主要方法之一。
2. 数据库中的数据具有整体结构化特征，因此便于描述数据及其相互联系。
3. 关系模式的主键是一个能唯一确定该二维表中元组(行)的属性组(也可以是单个属性)。
4. 多媒体数据库主要应用于电视点播、多媒体文档系统、数字图书馆、教学与培训、电子商务等领域。
5. 关系模型的逻辑数据结构是二维表，关系模式是二维表的结构的描述，关系是二维表的内容。
6. 在数据库系统中，数据库用户及其访问权限一般应由 DBA 集中控制。
7. 在数据库设计中，概念结构往往与选用什么具体类型的数据模型有关。
8. 集中式数据库系统中，数据是集中的，数据管理是分布的。
9. 数据库概念设计的 E-R 方法中，用属性描述实体集的特征，属性在 E-R 图中一般使用菱形表示。
10. 数据库在物理设备上的存储结构与存取方法称为数据库的物理结构，它不依赖于选定的计算机系统。

11. 数据库系统中的数据冗余度越低，保证数据的一致性就越困难。

12. 数据库系统特点之一是可以减少数据冗余，但不可能做到数据"零冗余"。

13. 数据库系统设计阶段中的概念结构设计先于逻辑结构设计。

14. 数据库物理结构设计的目标是提高数据库性能和有效利用存储空间。

15. DBS 是帮助用户建立、使用和管理数据库的一种计算机软件。

16. 数据独立性包括数据的逻辑独立性和数据的物理独立性。

17. 数据的独立性是指不同用户使用的数据彼此无关。

18. 概念数据模型是依赖于具体计算机系统的模型，它描述实体信息在计算机系统的 表示。

19. 20 世纪 80 年代以来数据库技术迅速发展，我国目前所使用的主流关系数据库管理系统有 Oracle、DB2、Sybase 等。

20. 关系模型中的模式对应于文件系统中的记录。

21. 数据库设计的基本任务是根据一个单位或部门的信息需求、处理需求，设计出数据模式和数据库管理系统。

22. 计算机信息系统的特征之一是其涉及的大部分数据是持久的，并可为多个应用程序所共享。

23. 信息技术和信息产业正在成为 21 世纪经济和社会发展的主要驱动力之一。

24. 系统分析是采用系统工程的思想和方法，把复杂的对象分解成简单的组成部分，提出这些部分所需数据的基本属性和彼此间的关系。

25. 系统分析阶段要回答的中心问题是："系统必须做什么(即明确系统的功能)"。

26. 为了适应软硬件环境的变化而对应用程序所做的适当修改称为完善性维护。

27. 信息系统的规划和实现一般采用自底向上规划分析，自顶向下设计实现的方法。

28. 在 E-R 概念模型中，实体集之间只能存在一对一联系或一对多联系。

29. 从数据管理技术来看，数据库系统与文件系统的重要区别之一是数据无冗余。

30. 需求分析的重点是"数据"和"处理"，通过调研和分析，应获得用户对数据库的基本要求，即：信息需求、处理需求、安全与完整性的要求。

31. 在采用生命周期法开发信息系统时，在每个阶段结束前必须进行技术审查和管理复审。

32. 关系数据库系统中的关系模式是静态的，而关系是动态的。

33. SQL 语言是为关系数据库配备的过程化语言。

34. 数据模型是数据库系统中用于数据表示和操作的一组概念和定义。

35. 在概念模型中，实体集主键只可能是某一个特定的属性。

36. 在关系数据库管理系统中，通常引入事务的概念，把事务作为应用程序执行的基本单元。

37. 在关系数据模型中，对二维表的操作的结果也是二维表。

38. 计算机信息系统的建设，不只是一个技术问题，许多非技术因素对其成败往往有决定性影响。

39. 关系数据模型中，不允许引用不存在的实体，这种特性称为实体完整性。

40. 在将 E-R 概念模式转换为关系数据模式的过程中，若 E-R 图中的联系为 $m{:}n$，则应转换为 $m+n$ 个关系模式。

41. 关系数据模型的存取路径对用户透明，其意是指用户编程时不用考虑数据的存取 路径。

42. 一个国家的信息化水平，体现其综合国力和人民生活的质量与水平。

43. 一般而言，计算机信息系统中数据管理层的数据库管理系统可直接与硬件设备进行交互。

44. 电子商务中交易的双方包括企业与客户、企业与企业、企业内部各部门，但不包括企业
与政府的情况。

45. 数据字典是系统中各类数据定义和描述的集合。

6.3　习题参考答案

一、单选题

1. C	2. A	3. C	4. C	5. D	6. D	7. A	8. C	9. C
10. D	11. C	12. A	13. B	14. A	15. A	16. A	17. D	18. C
19. B	20. D	21. D	22. B	23. D	24. B	25. D	26. C	27. C
28. C	29. B	30. A	31. A	32. B	33. A	34. D	35. D	36. D
37. D	38. B	39. C	40. D	41. C	42. D	43. B	44. C	45. D
46. B	47. C	48. A	49. D	50. B	51. C	52. C	53. D	54. C
55. D	56. D	57. B	58. D	59. D	60. B	61. D	62. C	63. D
64. C	65. B	66. A	67. A	68. A	69. D	70. D	71. D	72. B
73. D	74. C	75. A	76. B	77. D	78. C	79. D	80. A	81. D
82. D	83. B	84. D	85. D	86. C	87. A	88. D	89. C	90. D
91. A	92. C	93. D	94. A	95. C	96. D	97. C	98. C	99. A
100. D	101. C	102. A	103. A	104. D	105. B	106. C	107. C	108. A
109. C	110. C	111. C	112. C	113. D	114. C	115. A	116. C	117. A
118. D	119. C	120. D	121. D	122. C				

二、填空题

1. 关系	2. D	3. DBMS	4. 电子政务
5. 地理信息系统	6. 文件系统	7. 数字地球	8. 基础设施层
9. 1:1（1对1）	10. 逻辑	11. 事务	12. 候选键
13. 物理	14. 数据库	15. 数字图书馆	16. 数据模式
17. 联机分析处理	18. 图书表	19. NULL（空值）	20. 数据模式
21. XS	22. 数据	23. 电子商务	24. 应用程序
25. 生命周期	26. 企业	27. 数据需求	28. 计算机辅助软件工程
29. 空值	30. 0	31. 0	32. 决策支持（DSS）
33. 数据库服务器	34. 专家	35. 3	36. 远程教育
37. D-LiB	38. VIEW	39. 书号 = "B002"	40. B-C
41. Internet	42. 查询（检索）	43. 数据库的重组	44. 存储空间
45. 视图	46. DSS		

三、判断题

1. Y	2. Y	3. Y	4. Y	5. Y	6. Y	7. N	8. Y	9. N
10. N	11. Y	12. Y	13. Y	14. Y	15. N	16. Y	17. N	18. N
19. N	20. N	21. N	22. Y	23. Y	24. Y	25. N	26. N	27. N
28. N	29. N	30. Y	31. Y	32. Y	33. N	34. Y	35. N	36. Y
37. Y	38. Y	39. N	40. N	41. Y	42. Y	43. N	44. N	45. Y

参 考 文 献

陈平, 张淑平, 褚华. 2011. 信息技术导论[M]. 北京: 清华大学出版社

王珊, 萨师煊. 2008.数据库系统概论[M]. 4 版北京: 高等教育出版社

张福炎, 孙志挥. 2011. 学计算机信息技术教程[M]. 南京: 南京大学出版社

张效祥. 2005. 计算机科学技术百科全书[M]. 2 版. 北京: 清华大学出版社

赵建民, 端木春江. 2011. 计算机科学技术导论[M]. 北京: 清华大学出版社

Kurose J F, Ross K W. 2009. Computer Networking: A Top-Down Approach[M]. 4th ed. Boston: Addison-Wesley

Williams B K, Sawyer S C. 2009. 信息技术教程[M]. 7 版. 冯飞, 姜玲玲译. 北京: 清华大学出版社

http://www.microsoft.com/zh-cn/default.aspx(微软中国官方网站)

http://www.edu.cn/cernet-fu-wu-1325/index.shtml(中国教育科研网)

附 录

附录 A　江苏省计算机等级(一级)考试模拟题汇编(一)

一、单选题

1. Intranet 是单位或企业内部采用 TCP/IP 技术，集 LAN、Internet 和数据服务为一体的一种网络，它也称为_____。
   A. 局域网　　　　　B. 广域网　　　　　C. 万维网　　　　　D. 企业内部网
2. 光纤所采用的信道多路复用技术称为_____多路复用技术。
   A. 频分　　　　　　B. 时分　　　　　　C. 码分　　　　　　D. 波分
3. 下面关于 I/O 操作的叙述中，错误的是_____。
   A. I/O 设备的操作是由 CPU 启动的
   B. I/O 设备的操作是由 I/O 控制器负责全程控制的
   C. 同一时刻计算机中只能有一个 I/O 设备进行工作
   D. I/O 设备的工作速度比 CPU 慢
4. 关于基本输入输出系统（BIOS）及 CMOS 存储器，下列说法中错误的是_____。
   A. BIOS 存放在 ROM 中，是非易失性的
   B. CMOS 中存放着基本输入输出设备的驱动程序
   C. BIOS 是 PC 机软件最基础的部分，包含 CMOS 设置程序等
   D. CMOS 存储器是易失性存储器
5. 通信卫星是一种特殊的_____通信中继设备。
   A. 微波　　　　　　B. 激光　　　　　　C. 红外线　　　　　D. 短波
6. 下列各组设备中，全部属于输入设备的一组是_____。
   A. 键盘、磁盘和打印机　　　　　　　　B. 键盘、触摸屏和鼠标
   C. 键盘、鼠标和显示器　　　　　　　　D. 硬盘、打印机和键盘
7. 下列逻辑运算规则的描述中，_____是错误的。
   A. 0　OR　0 = 0　　　　　　　　　　　B. 0　OR　1 = 1
   C. 1　OR　0 = 1　　　　　　　　　　　D. 1　OR　1 = 2
8. 用户拨号上网时必须使用 Modem，其主要功能是完成_____。
   A. 数字信号的调制与解调　　　　　　　B. 数字信号的运算
   C. 模拟信号的放大　　　　　　　　　　D. 模拟信号的压缩
9. 若同一单位的很多用户都需要安装使用同一软件时，最好购买该软件相应的_____。
   A. 许可证　　　　　　B. 专利　　　　　C. 著作权　　　　　D. 多个拷贝
10. 下面关于虚拟存储器的说法中，正确的是_____。
    A. 虚拟存储器是提高计算机运算速度的设备

B. 虚拟存储器由 RAM 加上高速缓存组成

C. 虚拟存储器的容量等于主存加上 Cache 的容量

D. 虚拟存储器由物理内存和硬盘上的虚拟内存组成

11. 目前有许多不同的图像文件格式，下列_____不属于图像文件格式。
   A. TIF　　　　　B. JPEG　　　　　C. GIF　　　　　D. PDF

12. 通过对信息资源进行授权管理来实施的信息安全措施属于_____。
   A. 数据加密　　　B. 审计管理　　　C. 身份认证　　　D. 访问控制

13. 下列关于计算机病毒的说法中，正确的是_____。
   A. 杀病毒软件可清除所有病毒
   B. 计算机病毒通常是一段可运行的程序
   C. 加装防病毒卡的计算机不会感染病毒
   D. 病毒不会通过网络传染

14. 普通激光打印机的分辨率一般为_____。
   A. 1000dpi　　　B. 1500dpi　　　C. 300～600dpi　　　D. 2000dpi

15. 下列字符编码标准中，不属于我国发布的汉字编码标准的是_____。
   A. GB2312　　　　　　　　　　B. GBK
   C. UCS（Unicode）　　　　　　D. GB18030

16. CPU 的性能主要表现在程序执行速度的快慢，CPU 的性能与_____无关。
   A. ALU 的数目　　B. CPU 主频　　C. 指令系统　　D. CMOS 的容量

17. 小规模集成电路（SSI）的集成对象一般是_____。
   A. 存储器芯片　　B. 芯片组芯片　　C. 门电路芯片　　D. CPU 芯片

18. 高级程序设计语言种类繁多，但其基本成分可归纳为四种，其中对处理对象的类型说明属于高级语言中的_____成分。
   A. 数据　　　　　B. 运算　　　　　C. 控制　　　　　D. 传输

19. 若某台计算机没有硬件故障，也没有被病毒感染，但执行程序时总是频繁读写硬盘，造成系统运行缓慢，则首先需要考虑给该计算机扩充_____。
   A. 内存　　　　　B. 硬盘　　　　　C. 寄存器　　　　　D. CPU

20. 以太网交换机是交换式以太局域网中常用的设备，对于以太网交换机，下列叙述正确的是_____。
   A. 连接交换机的全部计算机共享一定带宽
   B. 连接交换机的每个计算机各自独享一定的带宽
   C. 采用广播方式进行通信
   D. 只能转发信号但不能放大信号

21. 以下列出了计算机信息系统抽象结构的 4 个层次，在系统中可实现分类查询的表单和展示查询结果的表格窗口属于其中的_____。
   A. 基础设施层　　B. 业务逻辑层　　C. 资源管理层　　D. 应用表现层

22. 关系数据库的 SQL 查询操作由 3 个基本运算组合而成，其中不包括_____。
   A. 连接　　　　　B. 选择　　　　　C. 投影　　　　　D. 比较

23. 所谓"数据库访问"，就是用户根据使用要求对存储在数据库中的数据进行操作。它要求_____。

A. 用户与数据库可以不在同一计算机上而通过网络访问数据库；被查询的数据可以存储在多台计算机的多个不同数据库中

B. 用户与数据库必须在同一计算机上；被查询的数据存储在计算机的多个不同数据库中

C. 用户与数据库可以不在同一计算机上而通过网络访问数据库；但被查询的数据必须存储同一台计算机的多个不同数据库中

D. 用户与数据库必须在同一计算机上；被查询的数据存储在同一台计算机的指定数据库中

24. 在数字音频信息获取过程中，正确的顺序是_____。

A. 模数转换（量化）、采样、编码　　　　B. 采样、编码、模数转换（量化）

C. 采样、模数转换（量化）、编码　　　　D. 采样、数模转换（量化）、编码

25. 若在一个空旷区域内无法使用任何 GSM 手机进行通信，其原因最有可能是_____。

A. 该区域的地理特征使手机不能正常使用

B. 该区域没有建立 GSM 基站

C. 该区域没有建立移动电话交换中心

D. 该区域被屏蔽

二、填空题

1. 彩色显示器每一个像素的颜色由三基色红、绿和_____合成得到，通过对三基色亮度的控制能显示出各种不同的颜色。

2. 与十六进制数 FF 等值的二进制数是_____。

3. 数字图像的获取步骤大体分为四步：扫描、取样、分色、量化，其中对每个点的分量亮度值进行测量的步骤称为_____。

4. 网络服务主要有_____服务、打印服务、消息传递服务和应用服务。

5. 利用_____，一个 USB 接口最多能连接 100 多个设备。

6. 若用户的邮箱名为 chf，他开户（注册）的邮件服务器的域名为 sohu.com，则该用户的邮件地址表示为_____。

7. 色彩位数（色彩深度）反映了扫描仪对图像色彩的辨析能力。色彩位数为 8 位的彩色扫描仪，可以分辨出_____种不同的颜色。

8. 若 IP 地址为 129.29.140.5，则该地址属于_____类地址。

9. 一种可以写入信息，也可以对写入的信息进行擦除和改写的 CD 光盘称为_____光盘。

10. 固定硬盘接口电路传统的有 SCSI 接口和 IDE 接口，近年来_____接口开始普及。

11. 在因特网环境下能做到数字声音（或视频）边下载边播放的媒体分发技术称为_____。

三、判断题

1. 操作系统是现代计算机系统必须配置的核心应用软件。

2. 通过各种信息加密和防范手段，可以构建绝对安全的网络。

3. 键盘中的 F1~F12 控制键的功能是固定不变的。

4. 算法一定要用"伪代码"（一种介于自然语言和程序设计语言之间的文字和符号表达工具）来描述。

5. 高速缓存（Cache）可以看作主存的延伸，与主存统一编址，但其速度要比主存高得多。

6. PC 机主板上的芯片组，它的主要作用是实现各个部件的相互通信和各种控制功能。

7. 文本处理强调的是使用计算机对文本中所含文字信息的形、音、义等进行分析和处理。文语转换（语音合成）不属于文本处理。

8. 信息处理过程就是人们传递信息的过程。

9. 汇编语言是面向计算机指令系统的，因此汇编语言程序可以由计算机直接执行。

10. 无线局域网需使用无线网卡、无线接入点等设备，无线接入点英文简称为 WAP。

11. 手机、数码相机、MP3 等产品中一般都含有嵌入式计算机。

12. 分组交换网中的所有交换机都有一张含有完整路由的路由表，路由表中下一站的出口位置通常是指向目的地的最短路径。

13. 使用 FTP 进行文件传输时，用户一次操作只能传输一个文件。

14. 存储在磁盘中的 MP3 音乐都是计算机软件。

15. 视频卡可以将输入的模拟视频信号进行数字化，生成数字视频。

16. DBMS 提供多种功能，可使多个应用程序和用户用不同的方法在同时或不同时刻建立、修改和查询数据库。

17. 描述关系模型的三大要素是：关系结构、完整性和关系操作。

附录 B　江苏省计算机等级(一级)考试模拟题汇编(二)

一、单选题

1. 下列字符编码标准中，既包含了汉字字符的编码，也包含了如英语、希腊字母等其他语言文字编码的国际标准是_____。
   A. GB18030　　　　B. UCS/Unicode　　　　C. ASCII　　　　D. GBK

2. 用户购买了一个商品软件，通常就意味着得到了它的_____。
   A. 修改权　　　　B. 拷贝权　　　　C. 使用权　　　　D. 版权

3. 适合安装在服务器上使用的操作系统是_____。
   A. Windows ME
   C. Windows 98 SE
   B. Windows NT Server
   D. Windows XP

4. 目前有许多不同的图像文件格式，下列_____不属于图像文件格式。
   A. TIF　　　　B. JPEG　　　　C. GIF　　　　D. PDF

5. 以下每组部件中，全部属于计算机外设的是_____。
   A. 键盘、主存储器
   C. ROM、打印机
   B. 硬盘、显示器
   D. 主板、音箱

6. 下面关于无线通信的叙述中，错误的是_____。
   A. 无线电波、微波、红外线、激光等都可用于无线通信
   B. 卫星是一种特殊的无线电波中继系统
   C. 中波的传输距离可以很远，而且有很强的穿透力
   D. 红外线通信通常只局限于较小的范围

7. 对两个 1 位的二进制数 1 与 1 分别进行算术加、逻辑加运算，其结果用二进制形式分别表示为_____。
   A. 1、10　　　　B. 1、1　　　　C. 10、1　　　　D. 10、10

8. 若某台计算机没有硬件故障，也没有被病毒感染，但执行程序时总是频繁读写硬盘，造成系统运行缓慢，则首先需要考虑给该计算机扩充_____。

  A. 内存　　　　　　　B. 硬盘　　　　　　　C. 寄存器　　　　　　D. CPU

9. 目前我国家庭计算机用户接入互联网的下述几种方法中，速度最快的是_____。

  A. 光纤入户　　　　　B. ADSL　　　　　　C. 电话 Modem　　　D. X.25

10. CPU 的运算速度是指它每秒钟能执行的指令数目。下面_____是提高运算速度的有效措施。（1）增加 CPU 中寄存器的数目；（2）提高 CPU 的主频；（3）增加高速缓存（Cache）的容量；（4）扩充磁盘存储器的容量。

  A. （1）、（2）和（3）　　　　　　　　B. （1）、（3）和（4）

  C. （1）和（4）　　　　　　　　　　　　D. （2）、（3）和（4）

11. PC 机加电启动时，正常情况下，执行了 BIOS 中的 POST 程序后，计算机将执行 BIOS 中的_____。

  A. 系统自举程序（引导程序的装入程序）

  B. CMOS 设置程序

  C. 操作系统引导程序

  D. 检测程序

12. 以下几种信息传输方式中，_____不属于现代通信范畴。

  A. 电报　　　　　　　B. 电话　　　　　　　C. 传真　　　　　　　D. DVD 影碟

13. 以下打印机中，需要安装色带才能在打印纸上印出文字和图案的是_____。

  A. 激光打印机　　　　　　　　　　　　B. 压电喷墨式打印机

  C. 热喷墨式打印机　　　　　　　　　　D. 针式打印机

14. 关于因特网防火墙，下列叙述中错误的是_____。

  A. 它为单位内部网络提供了安全边界

  B. 它可防止外界入侵单位内部网络

  C. 它可以阻止来自内部的威胁与攻击

  D. 它可以使用过滤技术在网络层对 IP 数据报进行筛选

15. 高级语言程序中的算术表达式（如 X + Y − Z），属于高级程序语言中的_____成分。

  A. 数据　　　　　　　B. 运算　　　　　　　C. 控制　　　　　　　D. 传输

16. 计算机病毒种类繁多，人们根据病毒的特征或危害性给病毒命名，下面_____不是病毒名称。

  A. 震荡波　　　　　　B. 千年虫　　　　　　C. 欢乐时光　　　　　D. 冲击波

17. 关于 I/O 接口，下列_____的说法是最确切的。

  A. I/O 接口即 I/O 控制器，负责 I/O 设备与主机的连接

  B. I/O 接口用来连接 I/O 设备与主机

  C. I/O 接口用来连接 I/O 设备与主存

  D. I/O 接口即 I/O 总线，用来连接 I/O 设备与 CPU

18. 目前个人计算机中使用的电子电路主要是_____。

  A. 电子管电路　　　　　　　　　　　　B. 中小规模集成电路

  C. 大规模或超大规模集成电路　　　　　D. 光电路

19. 构建以太网时，如果使用普通五类双绞线作为传输介质且传输距离仅为几十米时，则传

输速率可以达到_____。

    A. 1Mbps   B. 10Mbps   C. 100Mbps   D. 1000Mbps

20. 下列关于操作系统任务管理的说法中，错误的是_____。

    A. Windows 操作系统支持多任务处理

    B. 多任务处理通常是将 CPU 时间划分成时间片，轮流为多个任务服务

    C. 并行处理技术可以让多个 CPU 同时工作，提高计算机系统的效率

    D. 多任务处理要求计算机必须配有多个 CPU

21. 下列关于计算机网络的叙述中错误的是_____。

    A. 建立计算机网络的主要目的是实现资源共享

    B. Internet 也称互联网或因特网

    C. 计算机网络在通信协议的控制下进行计算机之间的通信

    D. 只有相同类型的计算机互相连接起来，才能构成计算机网络

22. 在信息系统的 B/S 模式中，ODBC/JDBC 是_____之间的标准接口。

    A. Web 服务器与数据库服务器   B. 浏览器与数据库服务器

    C. 浏览器与 Web 服务器   D. 客户机与 Web 服务器

23. 以下所列各项中，_____不是计算机信息系统所具有的特点。

    A. 涉及的数据量很大，有时甚至是海量的

    B. 绝大部分数据需要长期保留在计算机系统（主要指外存储器）中

    C. 系统中的数据为多个应用程序和多个用户所共享

    D. 系统对数据的管理和控制都是实时的

24. 声卡重建声音的过程通常应将声音的数字形式转换为模拟信号形式,其步骤为_____。

    A. 数模转换→解码→插值   B. 解码→数模转换→插值

    C. 插值→解码→模数转换   D. 解码→模数转换→插值

25. 某信用卡客户管理系统中，有客户模式：Credit-in（C-no 客户号，C-name 客户姓名，limit 信用额度，Credit-Balance 累计消费额），该模式的_____属性可以作为主键。

    A. C-no   B. C-name   C. limit   D. Credit-Balance

二、填空题

1. COMBO（康宝）驱动器不仅可以读写 CD 光盘，而且可以读_____光盘。

2. 采用某种进制表示时，如果 $4 \times 5 = 17$，那么 $3 \times 6 =$ _____。

3. 色彩位数（色彩深度）反映了扫描仪对图像色彩的辨析能力。色彩位数为 8 位的彩色扫描仪，可以分辨出_____种不同的颜色。

4. 图像压缩的目的是减少图像的_____和提高图像的传输速度。

5. IP 地址分为 A、B、C、D、E 五类，若网上某台主机的 IP 地址为 120.195.128.11，该 IP 地址属于_____类地址。

6. 彩色显示器每一个像素的颜色由三基色红、绿和_____合成得到，通过对三基色亮度的控制能显示出各种不同的颜色。

7. 利用_____，一个 USB 接口最多能连接 100 多个设备。

8. 从概念上讲，Web 浏览器由一组客户程序、HTML 解释器和一个作为核心来管理它们的_____程序所组成。

9. 计算机局域网由网络工作站、网络服务器、网络打印机、网络接口卡、_____和网络互连设备等组成。

10. 对磁盘划分磁道和扇区、建立根目录区等，应采用的操作是_____。

11. 现在流行的所谓"MP3 音乐"是一种采用_____编码的高质量数字音乐，它能以 10 倍左右的压缩比大幅减少其数据量。

三、判断题

1. FTP 是因特网提供的一种远程文件传输服务，有些 FTP 服务器允许用户匿名访问，其登录账号为 guest，口令为用户自己的电子邮件地址。

2. 对于同一个问题可采用不同的算法去解决，但不同的算法通常具有相同的效率。

3. 一台计算机只能有一个处理器。

4. 以太网将 IP 数据报发送到另一种非以太网结构的网络上，中间必须由路由器将数据报封装成目的地网络规定的格式才能完成网上传输。

5. 承担文本输出（展现）任务的软件称为文本阅读器或浏览器，它们可以嵌入到文字处理软件中，也可以是独立的软件。

6. 存储在磁盘中的 MP3 音乐都是计算机软件。

7. "蓝牙"是一种近距离无线数字通信的技术标准，适合于办公室或家庭内使用。

8. 在 Windows 系统中，按下 Alt + PrintScreen 键可以将桌面上当前窗口的图像复制到剪贴板中。

9. Windows 系统中，不同文件夹中的文件不能同名。

10. PC 机主板上的芯片组，它的主要作用是实现各个部件的相互通信和各种控制功能。

11. 我国对信息系统安全进行分级保护，共分为五个不同级别，用户可根据需要确定系统的安全等级。

12. CPU 与内存的工作速度几乎差不多，增加 Cache 只是为了扩大内存的容量。

13. 程序设计语言可分为机器语言、汇编语言和高级语言，其中高级语言比较接近自然语言，而且易学、易用、程序易修改。

14. 信息处理过程就是人们传递信息的过程。

15. 数字摄像头通过光学镜头采集图像，自行将图像转换成数字信号并输入到 PC 机，不再需要使用专门的视频采集卡来进行模数转换。

16. 数据库是长期储存在计算机内、有组织、可共享的数据集合。

17. 在关系数据库系统中，数据库系统二维表模式结构是相对不变的，而二维表的态变化的。

附录 C　参考答案

江苏省计算机等级(一级)考试模拟题汇编(一)

一、单选题

| 1. D | 2. D | 3. C | 4. C | 5. A | | 7. D | 8. A | 9. A |
| 10. D | 11. D | 12. D | 13. B | 14. C | 15. C | 16. D | 17. C | 18. A |

19. A　　20. B　　21. D　　22. D　　23. A　　24. C　　25. B

二、填空题

1. 蓝　　　　　　　2. 11111111　　　　3. 量化　　　　4. 文件
5. USB 集线器　　　6. chf@sohu.com　　7. 256　　　　 8. B
9. CD-R/W　　　　 10. 串行　　　　　 11. 流媒体

三、判断题

1. N　　2. Y　　3. N　　4. Y　　5. N　　6. Y　　7. Y　　8. N　　9. N
10. Y　 11. Y　 12. Y　 13. N　 14. N　 15. Y　 16. Y　 17. Y

江苏省计算机等级(一级)考试模拟题汇编(二)

一、单选题

1. B　　2. C　　3. B　　4. D　　5. B　　6. C　　7. C　　8. A　　9. A
10. A　 11. A　 12. D　 13. D　 14. C　 15. B　 16. B　 17. B　 18. C
19. C　 20. D　 21. D　 22. A　 23. D　 24. B　 25. A

二、填空题

1. DVD　　　　　　2. 15　　　　　　　3. 256　　　　　4. 大小
5. A　　　　　　　6. 蓝　　　　　　　7. USB 集线器　　8. 控制
9. 传输介质　　　 10. 格式化　　　　 11. MPEG-1

三、判断题

1. Y　　2. N　　3. N　　4. Y　　5. Y　　6. N　　7. Y　　8. Y　　9. N
10. Y　 11. Y　 12. N　 13. Y　 14. N　 15. Y　 16. Y　 17. Y